自學首選

零基礎絕美角色電繪技法

從電繪基礎、線稿到上色詳解
讓專業繪師幫你奠定繪圖基礎

芊筆芯／著

想要成為電繪師嗎？

隨著科技產品的普及，繪畫工具日新月異，電腦繪圖漸漸成為了繪畫工作者的必備技能。電繪不只融入創作者的生活，也融入了大家的生活日常，社交平台一打開，是不是很常會看到各種短篇動畫、遊戲宣傳和圖文漫畫呢？

這些幾乎都是電腦繪圖的產物喔！電繪帶來了許多的便利與效率，像是修改方便、印製方便、不用擔心紙張損毀、有各式的素材筆刷、更有幫助提升效率的輔助工具，因此有許多公司也會採用電繪的方式進行繪圖。

關於電繪，我是自學起家的，很多初學者的瓶頸我都有遇過，在過程中花了許多的時間克服困難、尋找解答，所以在這本書裡，我將會幫助學員有效克服初學時的困難，並且分享所有電繪上的知識結構以及經驗。

如果你正苦惱著不知道該如何開始學電繪，那請務必打開這本書，這是一本讓你的作品「活起來」的祕笈，不要再讓創作侷限於紙上。

本書將會帶領你從零開始學，沒有繪畫基礎也能輕鬆掌握電繪的基本概念，從電繪軟體的基礎用法、人物的頭部、五官神情開始到人體骨架、身型、上色等等，一次教會想學動漫插畫，或是想要創造故事人物的學員們，照著本書的教學，一定能畫出生動又惹人喜愛的角色。開始拿起電繪筆和我來學習吧！

芊筆芯

自學首選！

零基礎絕美角色電繪技法

從電繪基礎、線稿到上色詳解，讓專業繪師幫你奠定繪圖基礎

CONTENTS

Chapter 3 身體骨架篇

正確的打骨架方式，
讓你告別火柴人！

Chapter 4 線條篇

畫出流暢的線條，
讓角色大加分！

CONTENTS

Chapter 5 上色篇

要如何畫出吸引人的顏色？
髒髒的用色可不行喔！

Chapter 6 作者經驗談

一起來成為接案繪師吧！

Character

姓名_ 薇奧拉　種族_ 魔女
年齡_ ？？？　身高_ 167cm

曾經是人類，何時成為魔女已無法追溯，喜歡研究魔法也喜歡繪畫，對於教學這方面頗有熱忱。

姓名_ 艾席爾　種族_ 遠古惡魔
年齡_ 上千歲　身高_ 157cm

生存千年以上的遠古惡魔，精通各種法術，驕傲且自負，但卻是個電繪白癡。

Chapter 1

SAI軟體介紹

準備好開始學電繪了嗎?!

1-1 踏入電繪圈前的基本認知

➟歡迎各位踏入繪畫圈。不管翻開本書的你是想要成為插畫家，或者只是當作興趣，都要有繪畫相關的基本認知喔！

現在電腦繪圖的科技相當發達，繪圖軟體都會內建很多方便的功能，像是筆刷、素材，甚至是3D的內建模組。這些功能都可以幫助我們學習，並快速提高作品的完成度。但運用這些方便的電繪功能的同時，也會產生出幾個問題。

第一個是描圖，第二個是剪貼。

「描圖」顧名思義就是把別人的作品墊在圖層下面描。就算只是部分描圖，只要描的是他人的作品或照片，無論是公開或商用都會構成侵權，是要負法律責任的。

✕ 像是這樣直接描圖是會構成侵權的

電繪軟體不可能使你繪畫功力一蹴而就，還是要通過自己的努力不斷累積繪畫技巧。

對於初學者來說，我建議不管是不是電繪，都要試著以自己的觀察力去臨摹。臨摹是可以提升畫技的，但如果你用描圖的方式去創作的話，不僅沒有學習到繪畫技巧，還會讓你嚐到速成的甜頭，習慣這種方式後，便會失去創作和繪畫的能力，很難再有進步了。

接著是「剪貼」。之前在繪圈有一些被列入黑名單的繪師，就是剪下別人作品裡的物件直接使用，或者稍做加工後使用。無論如何，剪貼別人作品這種行為是完完全全不行的，可以說是剽竊的行為，跟描別人作品一樣，要負法律責任的。

以上提到的描圖和剪貼，只要使用的方式正確，就會是很便利的輔助工具。如果你描或剪貼的是自己拍的照片、免費素材或已付費素材，就不會有任何侵權問題。

關於素材的部分，現在有很多創作者願意分享自己做的素材，在網路上供人下載使用，像是插畫交流網站pixiv、藝術社群網站DeviantArt等，還有一些須付費的素材網站也可以做為參考。

妥善利用電繪軟體當輔助工具，可以讓你的作品畫面更精緻更豐富，但是打好基本功還是最重要的。在接下來的教學當中，不只會教授電繪技巧，還會分享正確的練習方式喔！

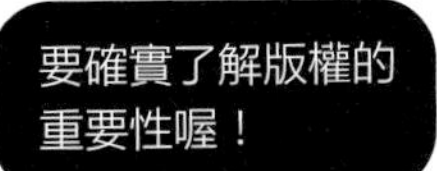

剪貼範例

1-2

電繪軟體 SAI 基礎用法

➠本書的教學軟體是使用Easy PaintTool SAI軟體（簡稱SAI）繪圖。首先，要介紹給大家此軟體的基本介面及用法！

SAI 繪圖軟體簡介

SAI是由日本的SYSTEAMAX開發，軟體設計非常的人性化，提供給眾多電繪家及ACG愛好者一個輕鬆創作的平台。SAI基本的筆刷就具備手繪感，筆刷也很多樣化，尤其畫線、防手震的特性最為迷人。日本有許多動漫大師也都採用SAI，對2D動漫電繪的初學者，SAI當然是最佳的選擇。

CHAT BOX

電繪軟體基本功能都大同小異，就算使用其他電繪軟體也可以一起學習喔！

咦！就算不是SAI也可以嗎？

當然可以。本書著重在於繪圖技巧的教學，只要掌握到技巧，不論使用什麼軟體，隨時都能畫出美美的角色！

那還在等什麼，我們快點開始吧！

POINT 選用「Easy PaintTool SAI」的原因

☑比起其他繪圖軟體，SAI操作相對簡單，介面簡潔易懂，非常適合初學者。
☑SAI軟體設計非常人性化，所有繪畫功能一應俱全，一點也不輸Photoshop等繪圖軟體。
☑SAI具備強大的線條功能和輕快的繪圖筆觸，畫出來的線條特別滑順好看。

SAI完整介面圖

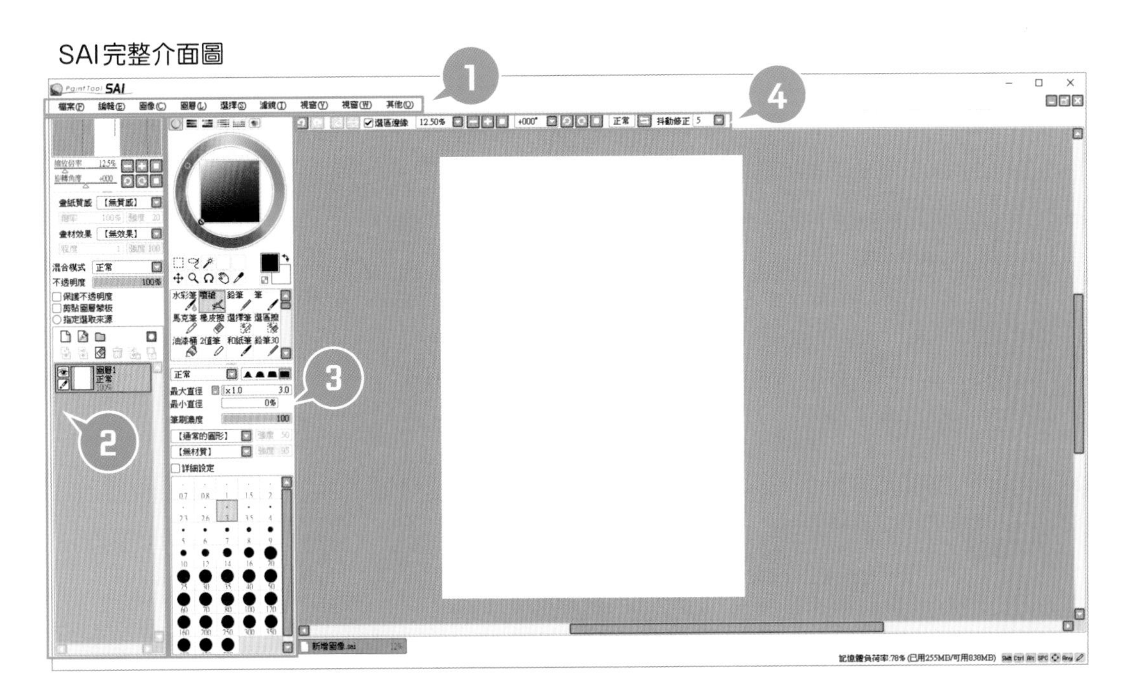

打開SAI軟體，我們將功能介面劃分成四大區塊，分別是「❶主要功能區」、「❷畫布圖層區」、「❸筆刷功能區」、「❹畫布調整區」。

主要功能區

檔案(F)	編輯(E)	圖像(C)	圖層(L)	選擇(S)	濾鏡(T)	視窗(V)	視窗(W)	其他(O)

介面圖的區塊❶是「主要功能區」，最常用到的功能有：

【檔案】：新增檔案、儲存檔案、開啟檔案的主要三大功能。

【圖像】：重新調整畫布大小以及畫布裁切。

【濾鏡】：對比、色調、明暗、色彩濃度等等的畫面色彩調整。

【視窗】：設定版面位置，調整快捷鍵等功能。

除此之外的選項其實不太使用，因為其他區塊也具備同樣功能，而且更方便操作！

畫布圖層區

P.13介面圖的區塊❷是「畫布圖層區」。所有圖層的功能都是在這個區塊，包含：

ⓐ【新增圖層】：在原先的圖層上方，新增一個圖層。

ⓑ【清除圖層】：完全清除此圖層的任何作業。

ⓒ【合併圖層】：將兩個圖層合併為一個圖層。

ⓓ【刪除圖層】：圖層整個刪除。

學習電繪軟體最重要的就是要先了解「圖層」的功能和概念喔。

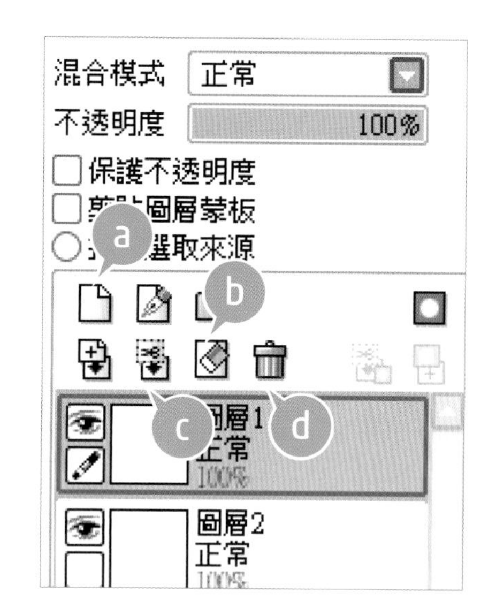

了解到以上的操作之後，圖層又該怎麼使用呢？先把圖層想像成層層堆疊的透明膠片，你會發現電繪的繪製方式就是一層一層的畫喔。

▶ 範例的插圖使用了三個圖層，分別是「線條」、「顏色」和「背景」。

▶ 正如剛剛所說的，圖層就像一層層的透明膠片，所以順序是很重要的。假如將範例中第二層的「顏色」拉到最上面，那「顏色」圖層就會蓋住下面的「線條」圖層。

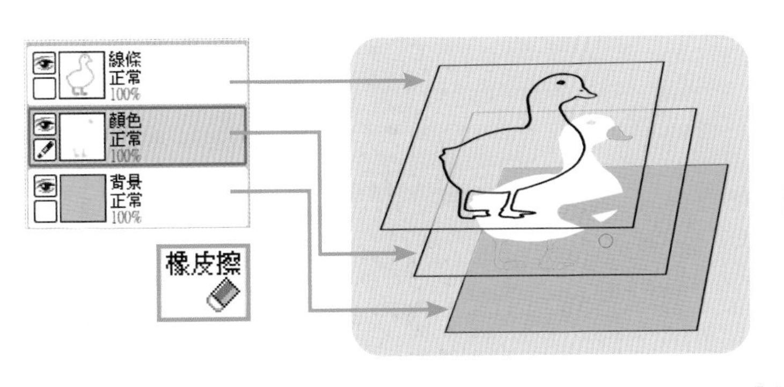

▶ 每個圖層都是單獨的個體，假設使用【橡皮擦】修改「顏色」圖層的部分，「線條」和「背景」圖層是完全不會被影響的。

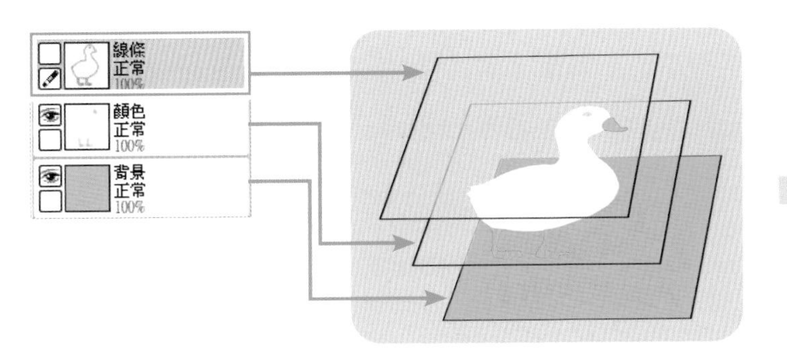

▶ 只要點選圖層旁邊的眼睛，眼睛不見了，圖層就會被隱藏囉，反之亦然。
把「線條」旁邊的眼睛點掉，線條就完全被隱藏了，得到了一張無線條的鴨鴨插圖！

POINT 隱藏不代表圖層不見，要刪除圖層請按垃圾桶圖示的【刪除圖層】。

CHAT BOX

這樣大家了解圖層要怎麼運用了嗎？

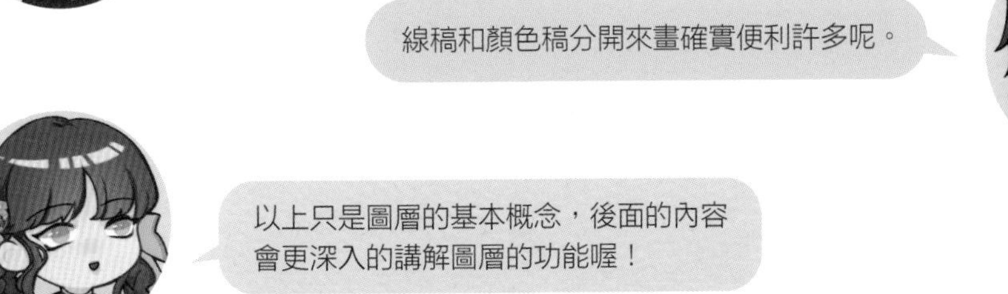

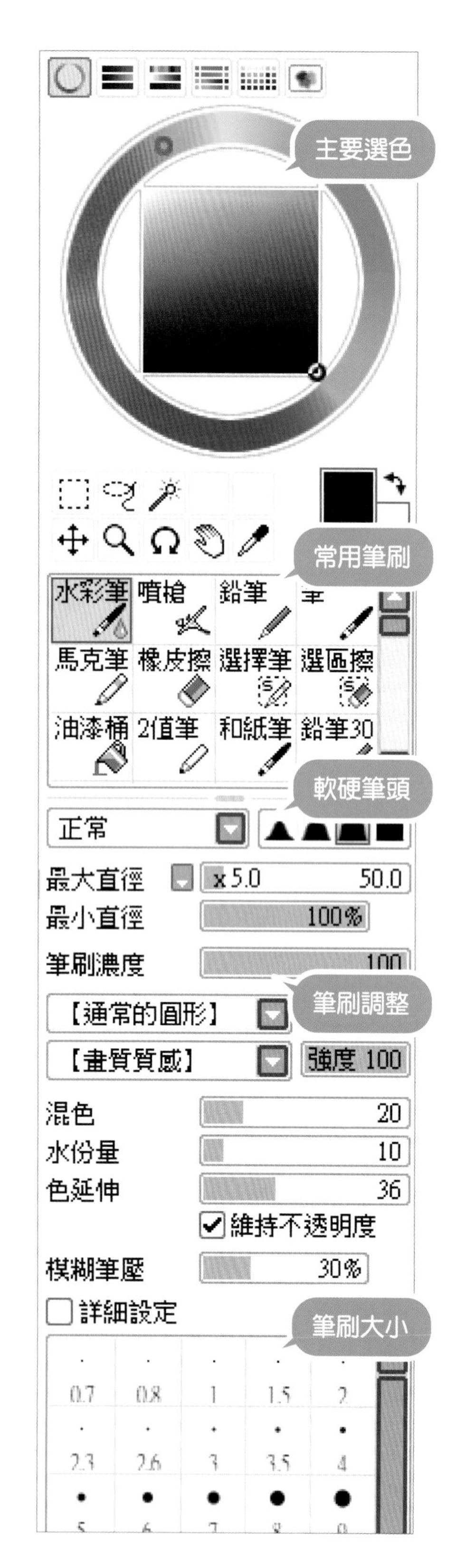

筆刷功能區

P.13介面圖的區塊❸是「筆刷功能區」。

任何的顏色都是從色環這個地方選擇，是不是很直覺呢。跟傳統手繪要自己調配顏色不一樣呢。

往下看，是琳琅滿目的筆刷，筆刷可以畫出不同材質的效果。這部分大家可以自己嘗試一下各種筆刷的手感，使用率最高的筆刷是【水彩筆】、【噴槍】及【鉛筆】。

以我個人的習慣，我只用【噴槍】、【水彩筆】這兩種筆刷，後面會更詳細的解說用法。

接著，在筆刷的下方可以看見筆頭的四種軟硬度，也是使用頻率很高的功能。筆刷可以畫出不同材質，筆頭軟硬度也可以呈現不同質感。

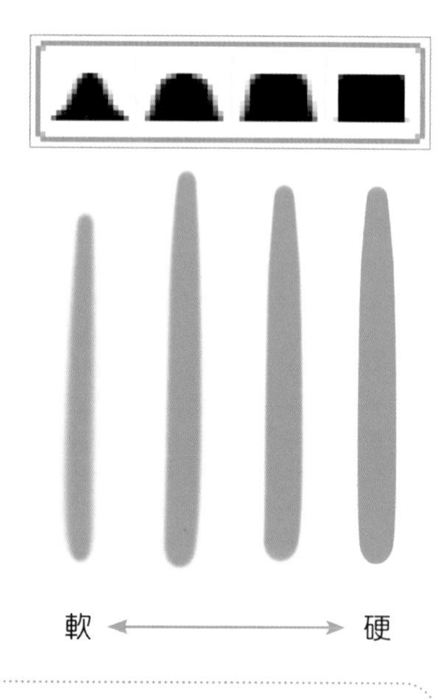

POINT 通常在做漸層效果的時候會使用最軟的筆頭，描線的時候都是用最硬的筆頭。比起不同花樣的筆刷，我覺得筆頭的運用更為廣泛。

再往下看，則是【最大直徑】、【最小直徑】和【筆刷濃度】這三個功能。

【最大直徑】就是選擇筆刷的大小，跟介面最下方欄位有相同的功能。

【最小直徑】筆尾的大小，讓你畫出筆壓的功能，最小直徑0%很適合用來畫頭髮。

【筆刷濃度】是指筆刷的透明度，設定100%為不透明，比例愈低愈透明。比例低時，可以做出重疊的筆觸效果。

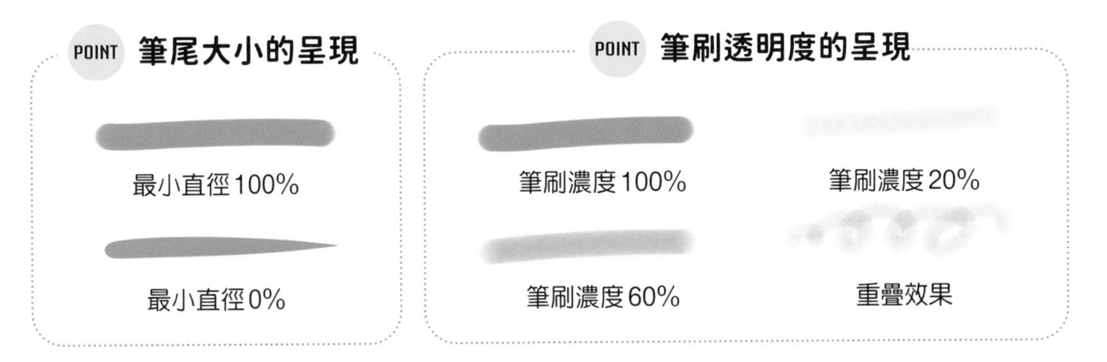

以上都是主要的筆刷功能，其實每種筆刷都還能進行微調。我個人通常使用預設，大家可以多多嘗試，調整自己喜歡的手感和筆觸。

畫布調整區

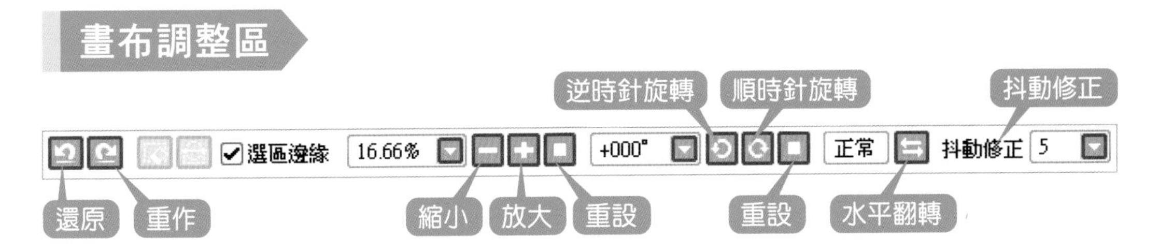

P.13介面圖的區塊❹是「畫布調整區」。這個區塊的輔助功能都非常強大，包含：

【還原】和【重作】：畫得不滿意，隨時可以還原重畫。因為【還原】功能很實用，所以通常會將它設為畫板上的快捷鍵，或可以直接使用 CTRL+Z 喔！

【縮小顯示】和【放大顯示】：放大可以畫到很多細節，縮小又能綜觀整張圖，是不是很方便呢？其實這個功能設定在滑鼠快捷鍵會更順手！

【逆時針旋轉畫布】和【順時針旋轉畫布】：可以調整畫布的角度，隨時調整成順手的角度作畫，讓你畫起圖來不再卡卡的！

【水平翻轉】：使用度很高的功能。畫圖有時候會出現一些盲點，尤其在畫左右對稱的正臉時，當下看覺得沒什麼問題，但只要經過反轉，就能發現自己的盲點了。這可是在紙上辦不到的喔。

【抖動修正】：畫線條的時候，手抖是人之常情，這個功能可以幫助你解決手抖的問題。數值愈高畫起來愈穩定，但相對的畫起來會比較延遲，而且線條會比較僵硬。個人建議抖動修正的數值3～8剛剛好。

開新畫布

基本功能都介紹完之後，終於要進入開新畫布這重要的一環了！請打開左上角的【檔案】，點選【新增圖像】就會跑出右圖的視窗。以下簡單說明視窗資訊。

新增圖像
檔案名稱：新增圖像
預設尺寸：
寬度：210
高度：297 mm
解析度：360 pixel/inch
尺寸訊息
圖像尺寸：2976 x 4209 (209.974mm x 296.969mm)
寬度上限：2976 x 10000 (209.974mm x 705.556mm)
高度上限：7952 x 4209 (561.058mm x 296.969mm)
確定 取消

檔案名稱：取檔名可以方便你找到檔案，而且檔名可以隨時修改喔。

預設尺寸：有各種常見的印刷尺寸像是A4、B5大小。

寬度／高度：畫布的尺寸，單位可以依照需求選擇公分、公厘、英吋或像素。如果不知道開多大，可以選擇預設尺寸的A4。

解析度：多數電腦螢幕的解析度為72ppi，Mac電腦如果具備Retina顯示器，解析度為150ppi比較好。如果要做為印刷用途，解析度必須是300～360ppi。解析度開愈大會愈吃電腦效能喔！我通常都是設定360ppi，如果作品滿意的話就能直接印刷了。

選擇好之後，按下右下角的【確定】，就會跑出一張空白的畫布。

接下來就可以在畫布上盡情創作了，是不是很令人興奮呢！
建議各位初學者可以先熟悉介面的各項功能以及嘗試不同的筆刷，在正式畫動漫人物之前先抓到電繪的手感。

了解上面介紹的基本功能之後，我們就能開始正式畫電繪囉。

終於要開始了嘛。我要大顯身手，讓大家看看甚麼叫作盛世美顏的自畫像！

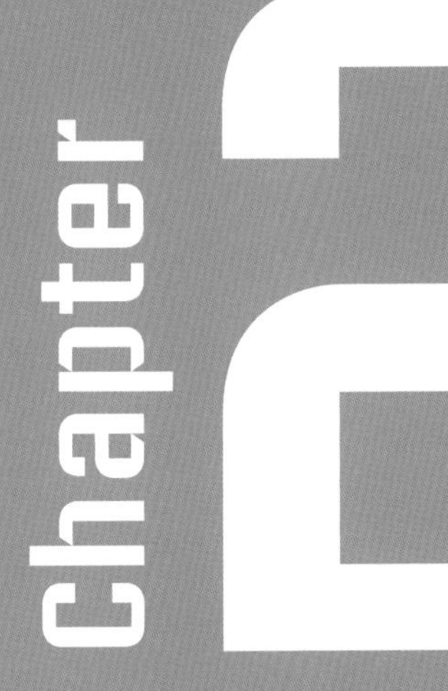

頭部篇

頭部是角色的靈魂，
從頭開始畫！

2-1

頭部的認識

➠頭部是立體而不是平面的，在不同的角度之下會有不同的形狀變化，為了方便理解可以先將頭部拆解成簡單的立體幾何圖形。

頭部的拆解

這裡將頭部區分為頭頂、顴骨及下巴三個部分。

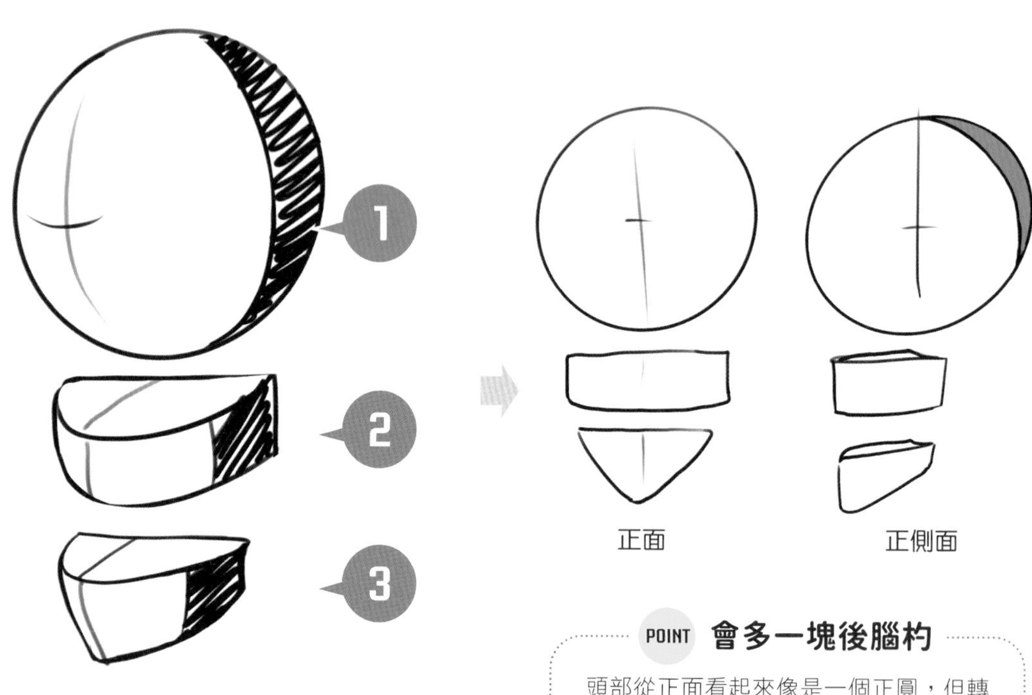

❶ 頭頂是球體
❷ 顴骨是圓台形
❸ 下巴是不規則的錐體

POINT 會多一塊後腦杓

頭部從正面看起來像是一個正圓，但轉到正側面，後腦杓的部分會多出一塊（圖中紫底處），所以頭頂的圓球體其實是有點橢圓的。

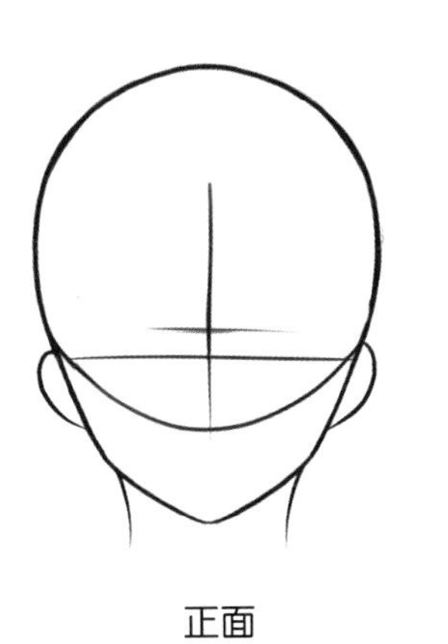
正面

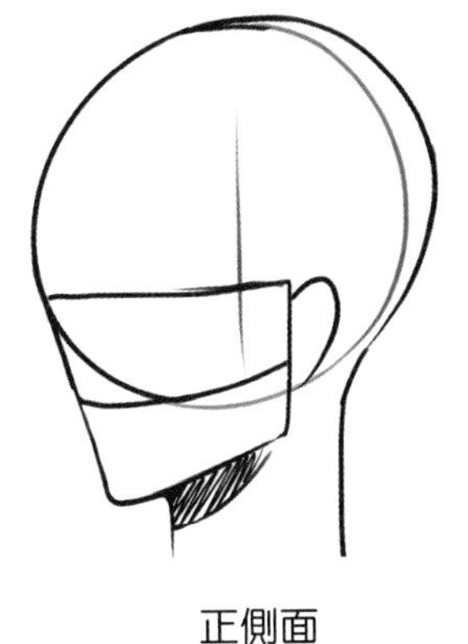
正側面

POINT 頭部的骨架

將這三個部分的立體幾何圖形組合起來，便成為頭部的骨架。這個時候請忽略頭髮。要先確實了解到頭部的真正形狀，才可以畫出一顆完美的頭。

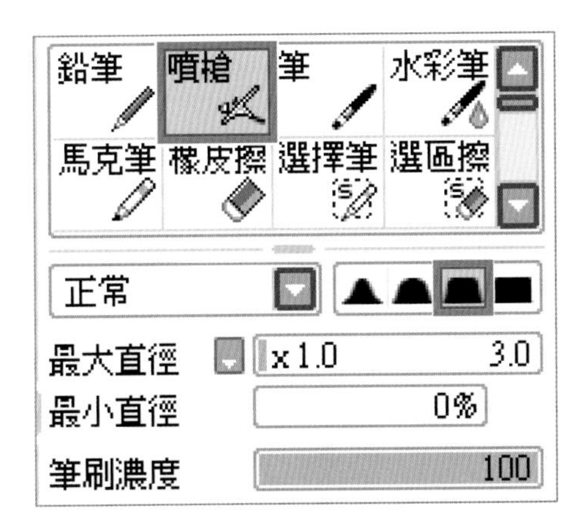

那麼正確的頭部骨架和輔助線要怎麼畫呢？讓我們實際畫過一遍就知道了，請拿起筆跟著畫吧！

POINT 筆刷的選擇

選擇【噴槍】的硬頭筆刷，【噴槍】不管是作為草稿還是線稿都很適合。

CHAT BOX

想當年我還是初學者的時候，完全沒考慮到頭形就直接畫頭髮跟臉了呢，真的是崩壞到難以直視。

喔喔！有當年的黑歷史可以看嗎？

全部都燒毀了喔♪

好……

如何畫出正面頭形

1 首先，畫出一個圓形。不要糾結圓形是否完美，抓出粗略的輪廓就可以了。

2 在圓形的正中間畫上十字輔助線。十字輔助線可以定位角色的五官位置和面向。

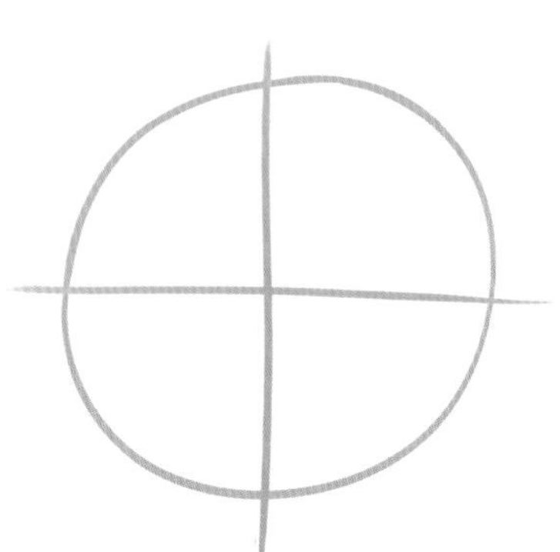

3 十字輔助線的下方再畫一條耳朵定位線。這條線會連結到耳尖。後面會更詳細說明耳朵的定位。

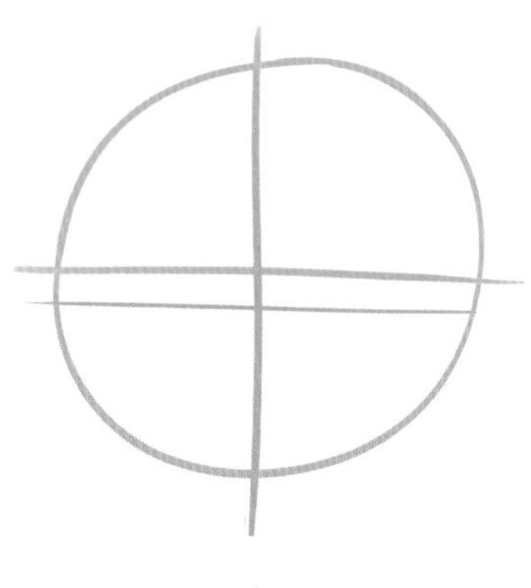

4 接著把臉型畫出來。記得下巴要對齊中線，正面頭形就完成囉。

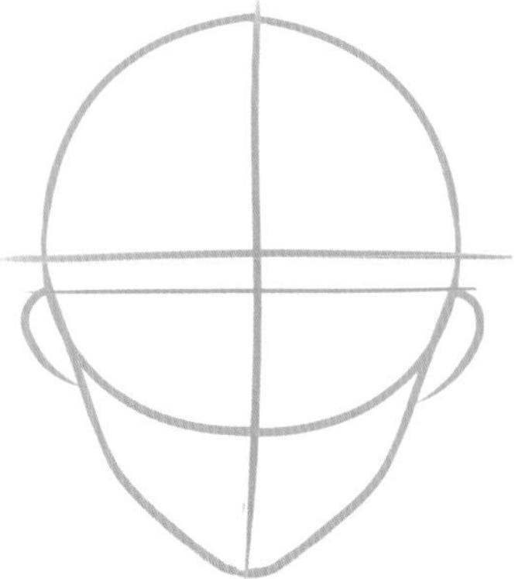

如果不確定正臉有沒有畫歪的話，可以用水平反轉⊟來確認喔。

▶ 雖然這邊只示範了正面的頭形，但大家可以照著以上的步驟嘗試練習不同角度的頭部形狀喔。

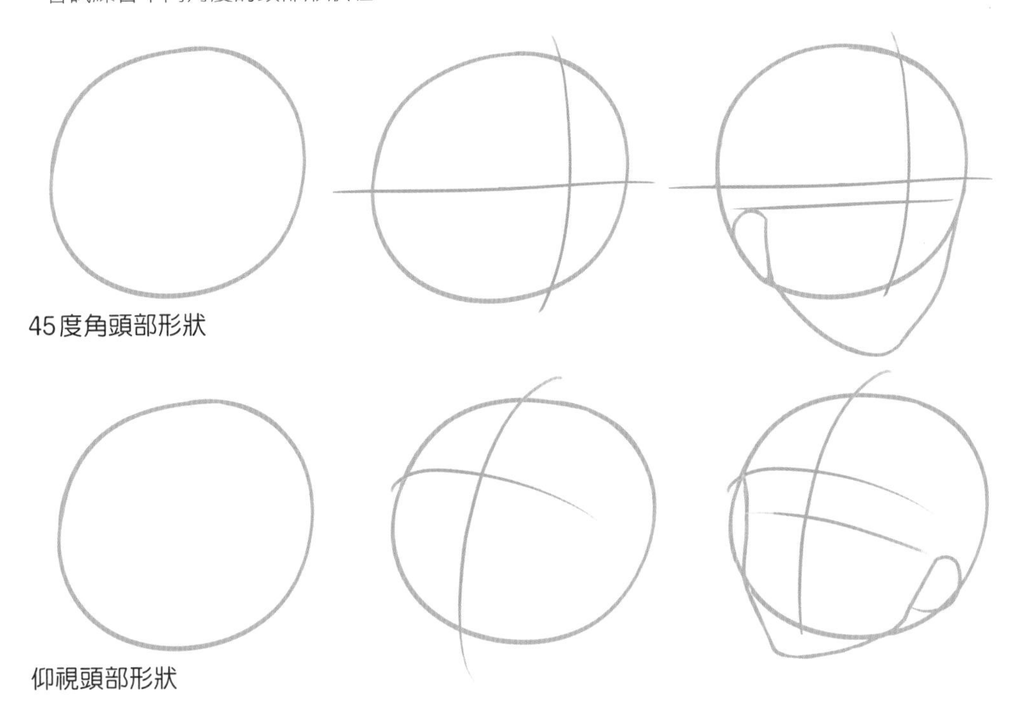

45度角頭部形狀

仰視頭部形狀

耳朵的定位

大家有沒有發現繪師在繪製頭部初稿的時候，會一併把耳朵畫出來。這是為什麼呢？因為耳朵能夠用於定位臉部五官的位置，所以畫出正確的耳朵位置是非常重要的。

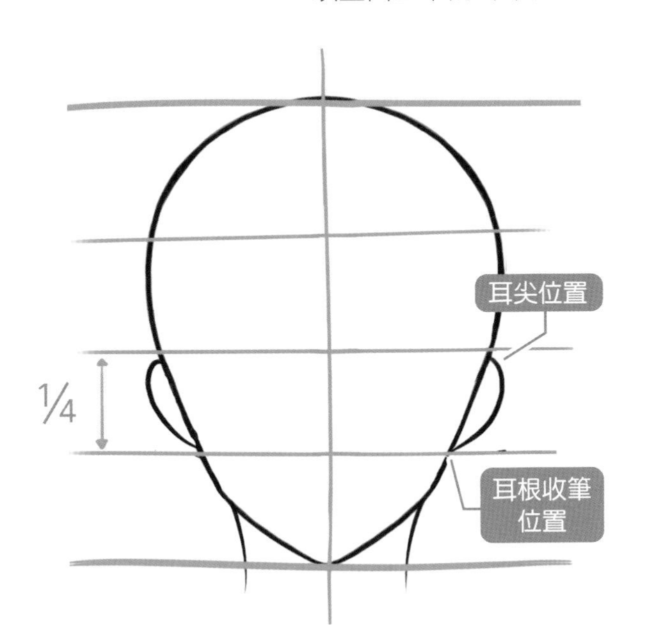

POINT 耳朵的位置

耳朵的長度約為1/4個頭部的長度，將頭部劃分成四等分，便能很容易找到耳尖以及耳根的位置。

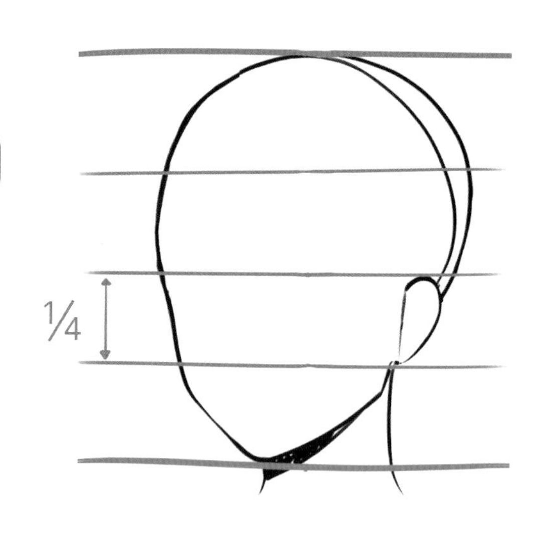

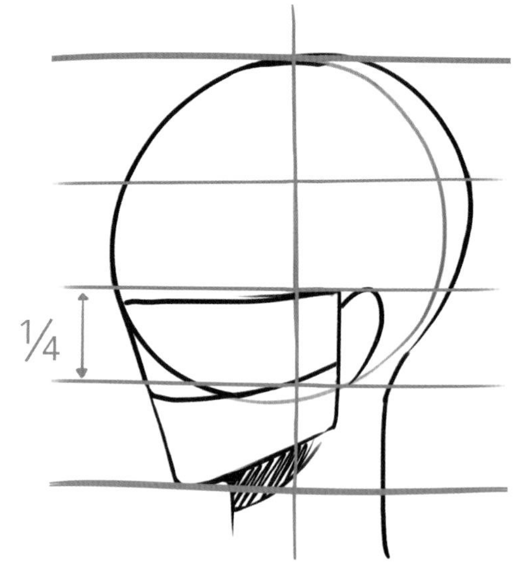

不同角度的耳朵呈現

耳朵構成

簡化

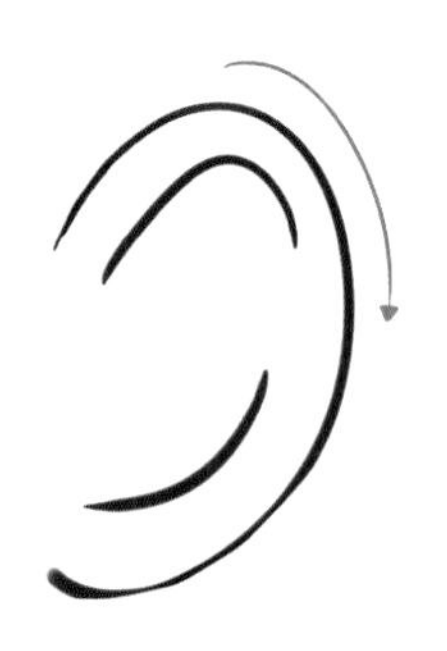

更簡化
（Q版）

POINT 耳朵的形狀

耳朵的形狀像是「C字型」掛勾。可以用稍具稜角的線條呈現，太過於圓潤則比較適合Q版畫風。另外，也要留意繪製時，須要配合頭部的角度呈現出耳朵形狀。

孩童的頭部呈現

雖然說耳朵的比例與位置很重要，但動漫人物跟寫實人物不一樣，多少會因為風格的原因而有些變形。像是萌系的角色為了強調特色會將臉型畫短，頭部畫大，並不會完美的符合比例尺，但是只要在合理的範圍內變形就不會突兀。

2-2

男女的 臉部比例與構造

➡ 臉部是動漫角色中最重要的一環。五官比例、臉型長度都是表現人物個性特徵的基礎，要畫出好看的臉，細節的刻劃是非常重要的。

臉型大不同

臉型的長短和輪廓會影響角色給人的印象，一些微小的變化就可以給人不同的印象。

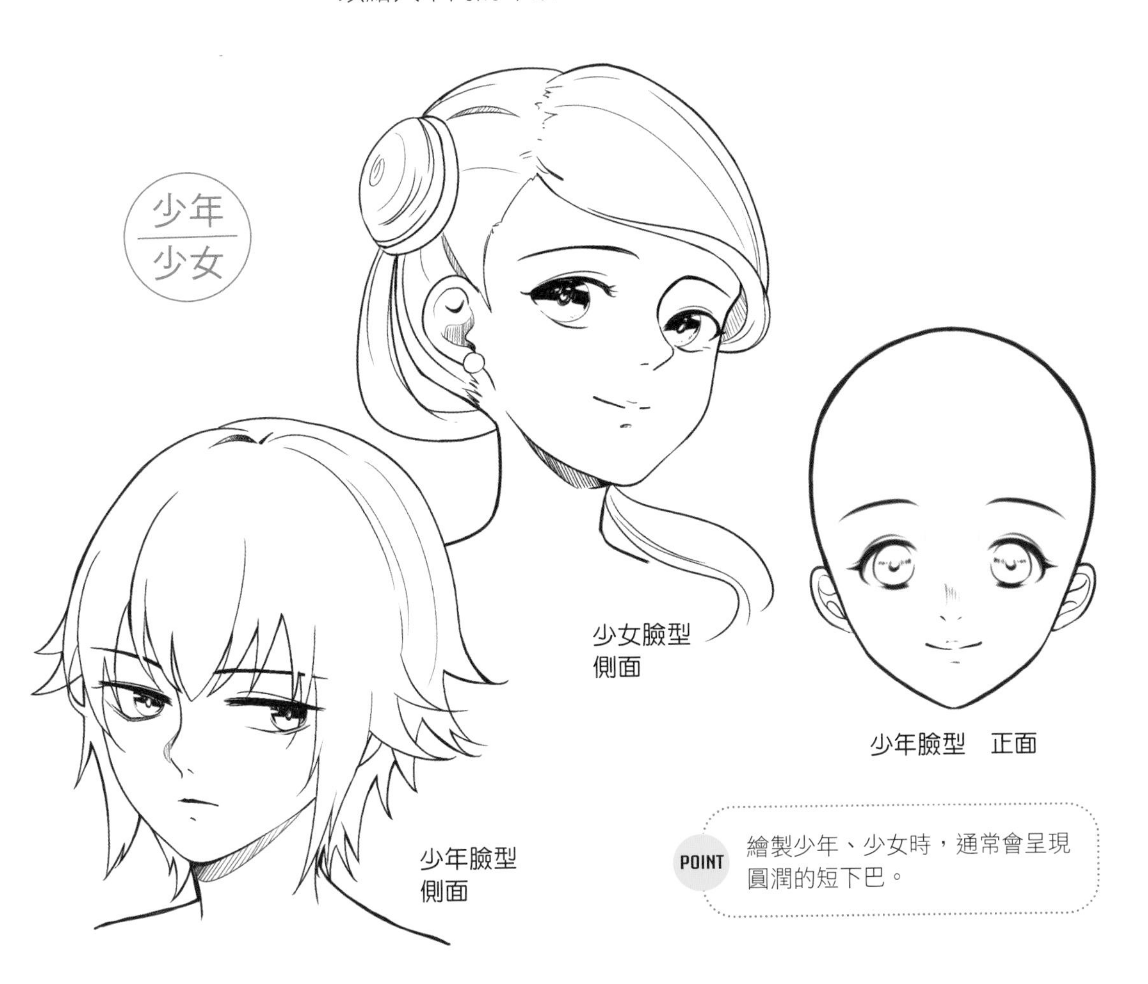

POINT 繪製少年、少女時，通常會呈現圓潤的短下巴。

青年

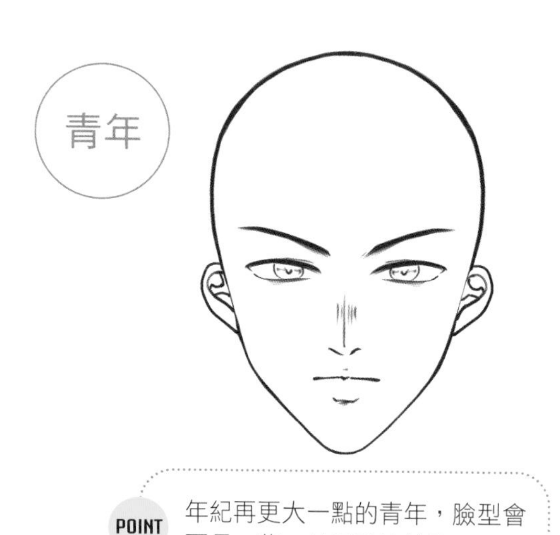

POINT

年紀再更大一點的青年，臉型會再長一些，且下巴比較鈍。

BONUS

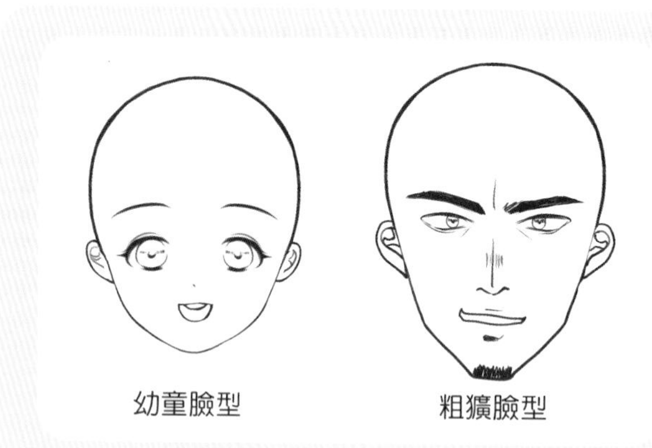

不同的臉型呈現

還可以衍生出更多年齡或個性的臉型，例如像小孩一樣圓潤扁圓的臉型，而尖角較多的臉型也給人比較粗獷的形象。

正側面的臉型表現

在人物正側面的繪製上，會以四高三低代表臉部五官的立體化，同時也代表顏值的黃金比例。

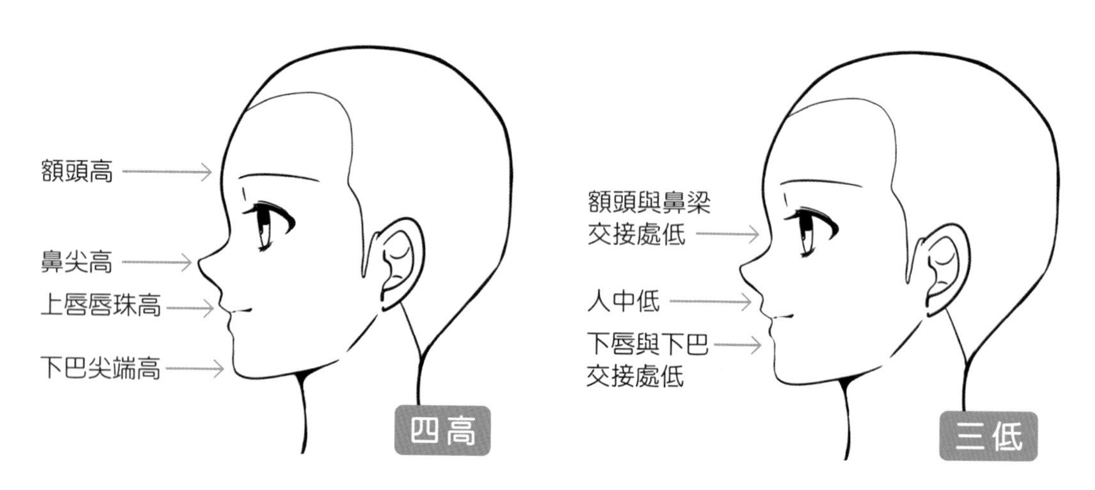

女性側面

POINT 女性的側面線條比較柔軟，曲線較多，鼻梁是用曲線來表現。

男性側面

POINT 男性的側面線條比較剛硬，直角多，鼻嘴輪廓更為明顯，鼻梁也顯得挺直。

五官的定位

在畫人物五官的時候，要注意人物的五官定位和大小比例。這時候便可以用輔助線來尋找五官的相對位置。

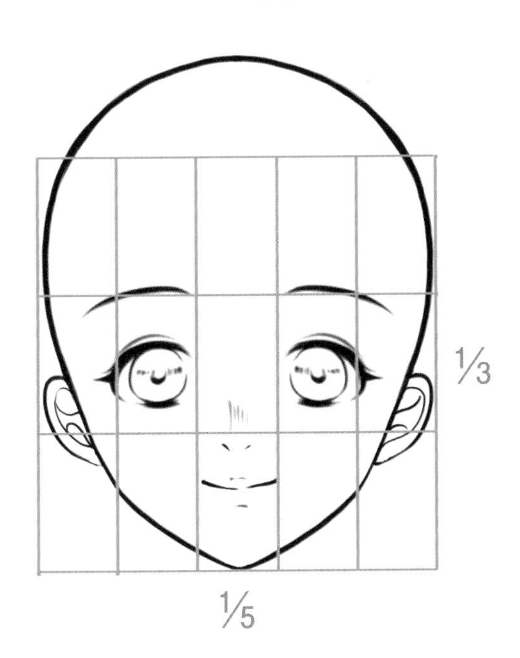

一般的寫實人物繪畫上，會用「三庭五眼」來當作臉部比例的美學標準。

「三庭」是以五官的高度位置來說：
①上庭：髮際線到眉間的距離，②中庭：眉間到鼻間的距離，③下庭：鼻尖到下巴尖的距離，都是剛好的三等分。

「五眼」是指臉的寬度比例：
以眼睛的長度為單位，把臉寬分成五等分。

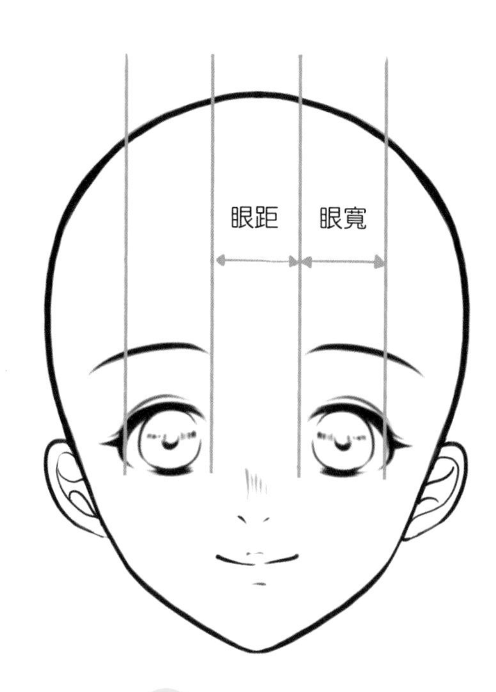

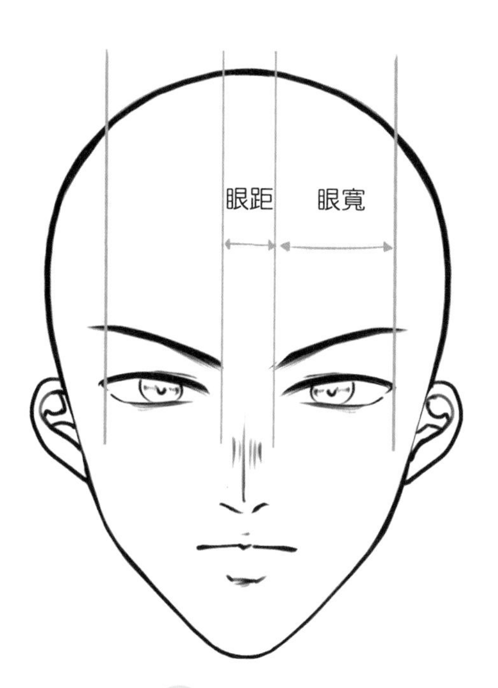

POINT 女性角色

女性角色的眼距大概是一個眼寬。強調中庭的眼睛部位，而眉心比眉梢高可以讓角色看起來更溫柔可愛。

POINT 男性角色

在動漫中的男性角色，眼距通常都小於一個眼寬。眉毛整體更靠近眼睛，眉心也比眉梢低一些，這是為了能讓眼神更集中更帥氣。

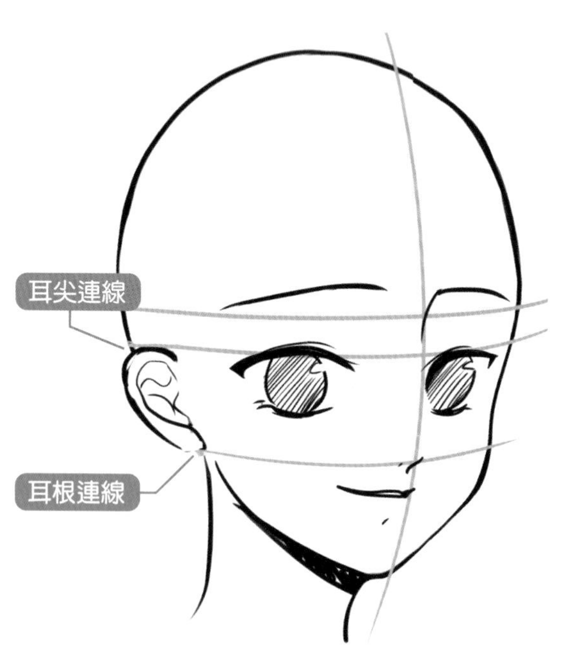

了解以上的概念，再加上耳朵的定位，就可以讓你快速抓出五官的位置。

POINT

耳尖的連線是上眼眶的位置，耳根的連線和中線的交接點就是鼻子的位置，記住訣竅就能幫助你快速定位五官。

動漫人物會因為不同畫風的原因而讓五官有所變形，
只要是在合理的範圍內，都能保持五官的協調性。

當然眉毛與眼睛的畫法會依照人物設定而有
些微的變化，比如陰柔美型的男性角色，可
以在五官上強調女性的特徵；女性角色也
可以添加一點陽剛的特徵，成為帥氣的御
姐。

CHAT BOX

有些初學者容易將男生畫的太秀氣沒
有男子氣概，就是因為沒有注意到這
些細節。

是喔，但黑歷史已不復存在。

了、了解。

2-3

人物眼睛、性格的呈現

➡ 眼睛是靈魂之窗，也是直接影響人物外貌的特徵之一，想要塑造出不同性格的角色，眼睛的畫法最為重要。

男性篇

眼睛的整體形狀是由上下眼眶來決定的，下面將介紹常見的男性眼睛。

POINT 常見的男性眼睛

男性的眼型比較細長，而三角形眼會給人銳利、凌厲的感覺，所以通常男性的眼睛都會以三角形為原形去做不同的變化。

稚氣少年眼

邪媚狐狸眼

炯炯有神帥氣眼

凶殘眼

POINT 眼珠大小的不同表現

眼珠的大小也會影響眼睛的表現。眼珠大看上去比較可愛，眼珠小會顯得比較成熟，要是眼白較多眼珠只有一點點，會讓人有冷血無情甚至是瘋狂的感覺。

女性篇 女性眼睛的形狀一般不像男性具有稜角，較常見的眼睛類型如下。

POINT 常見的女性眼睛

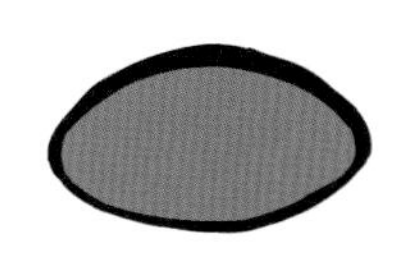

女性的眼型比較圓潤，大多都是取橢圓形的上下弧度做出不同的變形。圓潤的眼角會給人溫柔、可愛的感覺。

楚楚可憐蘿莉眼

成熟御姐眼

強勢傲嬌眼

陽光少女眼

POINT 眼角高低的不同表現

高 ←→ 低

眼角高低對於人物的形象塑造有很大的影響。眼角高看上去比較強勢，適合傲嬌型角色；而眼角低看上去比較無辜，適合柔弱型角色。

溫柔少女眼

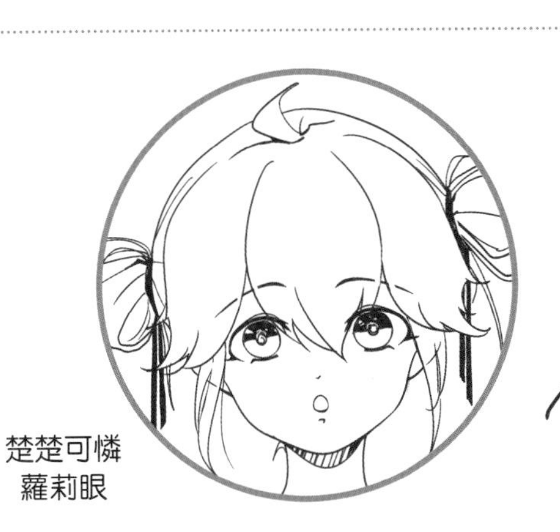

楚楚可憐蘿莉眼

眼珠的位置

如果擺放的位置不對會顯得精神渙散，這也是初學者很容易遇到的盲點。雖然是小細節，但是差一點，畫出來的感覺就差很多。

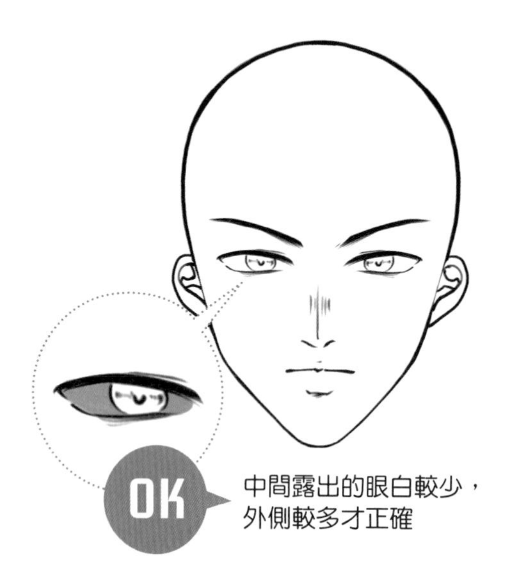

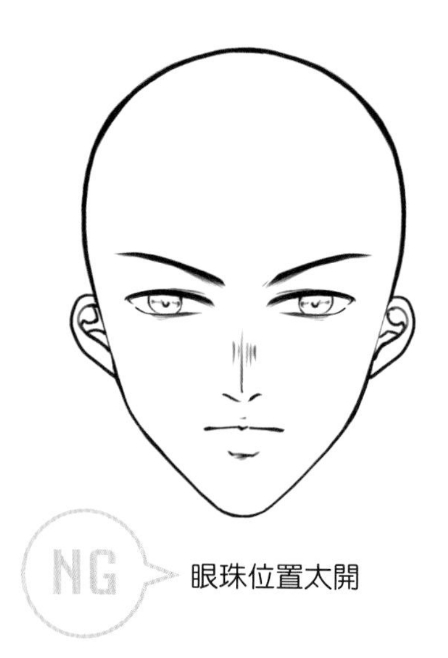

POINT 想要畫出炯炯有神的眼睛，眼珠不能畫得太開，要適當的集中，但也不能太過靠近。

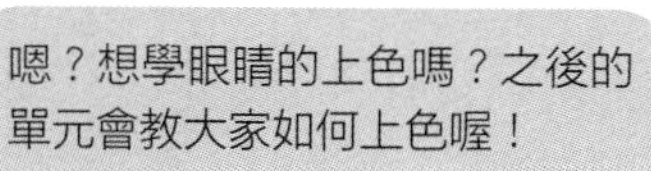

2-4

頭髮的繪製基礎

➠ 通常頭髮是辨別角色的指標之一，頭髮的強大表現力能直接展現人物的獨特性。角色性格和氣質也和髮型有密切關連，甚至會影響角色的顏值。

髮際線

繪製頭髮時，得要先了解頭髮的生長範圍和生長方式。髮際線沒畫對的話，整個頭部都會顯得不自然。接著就來學習關於髮際線的正確畫法！

ㄇ字型

M字型

所謂的生長範圍就是髮際線，若是髮際線的位置畫得太高就會變成禿頭，畫得太低又會變成短額頭。

POINT 髮際線的形狀

常見的髮際線形狀有ㄇ字型和M字型。不過，並不是單純的ㄇ字型或M字型，實際上是有很多稜角的。

POINT 髮際線的轉折

髮際線在眉骨上方會有一個轉折，而收於鬢角處也會形成一個轉折。同時需要留意角色側面的鬢角及耳後髮際線的呈現。

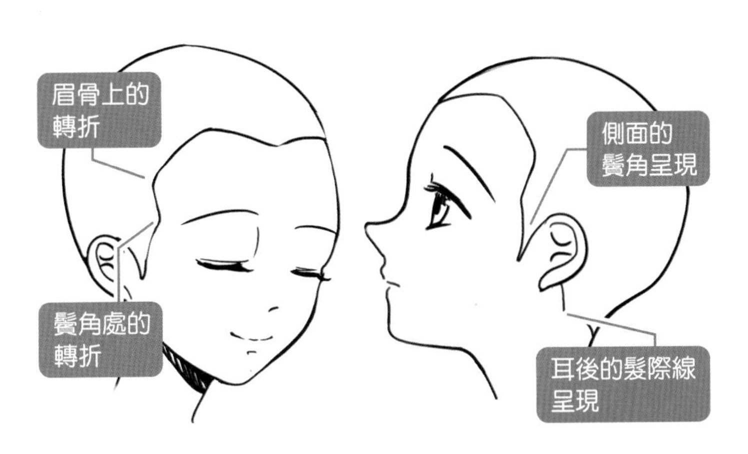

髮旋與髮流

了解到頭髮的生長範圍之後，下筆前還需要考慮到頭髮的生長方式。髮束有固定的根基，而大多髮束生長方向是一致的，稱為髮流；髮流在頭頂會形成一個中心點，呈放射型的排列，稱髮旋。

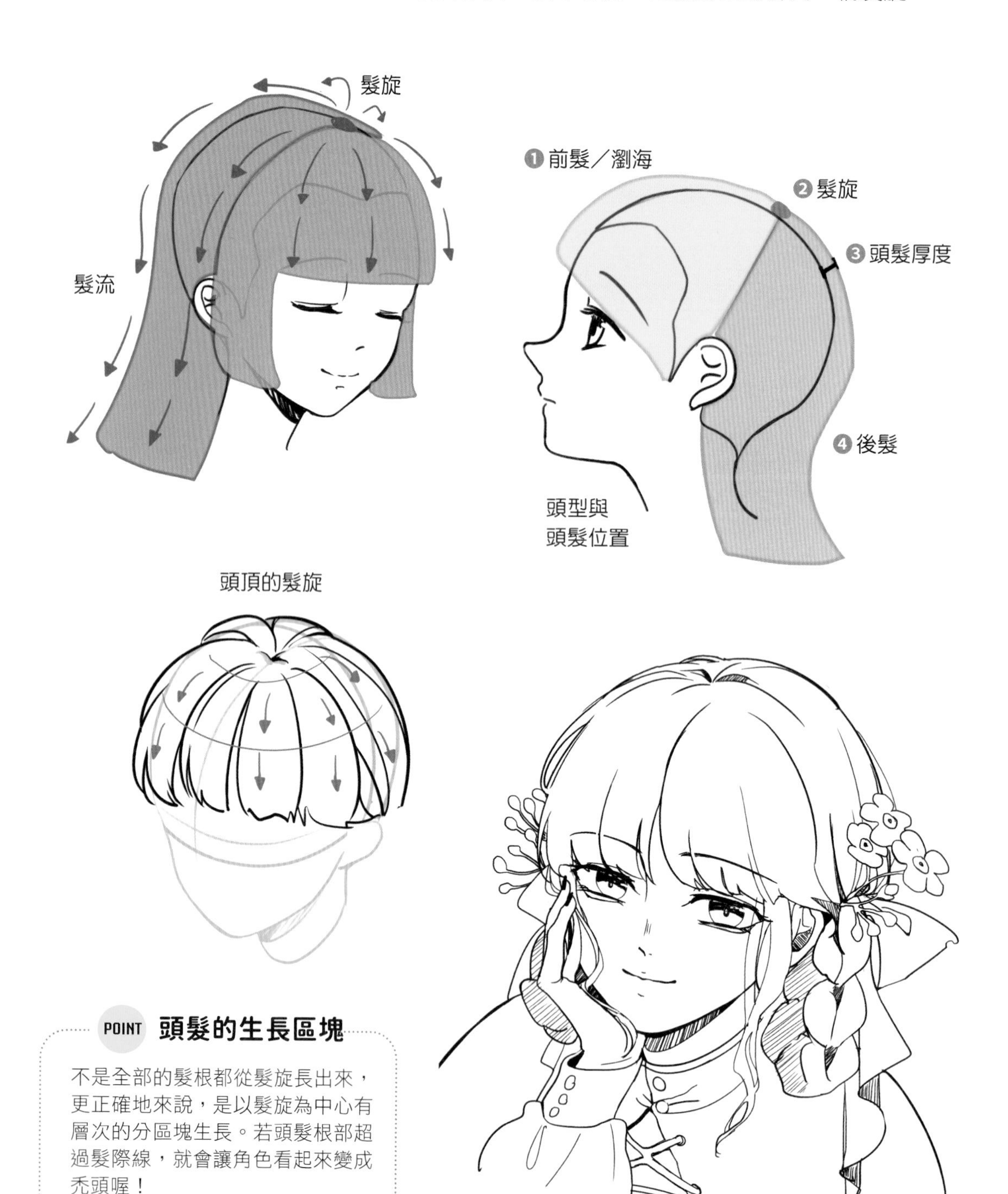

POINT 頭髮的生長區塊

不是全部的髮根都從髮旋長出來，更正確地來說，是以髮旋為中心有層次的分區塊生長。若頭髮根部超過髮際線，就會讓角色看起來變成禿頭喔！

頭頂的髮旋是髮根的起點，卻往往容易遭到初學者忽視，如果一開始從髮旋的位置開始畫，那麼髮流會順暢很多。另外，繪製頭髮時，要注意到頭型的輪廓，因為頭髮是照著頭型基礎而生長的，同時也要注意到頭髮的厚度和空氣感。

OK 留意頭型輪廓，
並呈現頭髮厚度與空氣感

NG 頭髮根部超過髮際線
頭髮沒有厚度

髮束的表現

畫髮束的時候盡量一筆成型快速的畫出來，不要用拼接的方式斷斷續續的畫。如果擔心畫不出流暢的線條，可以在下筆前先調高【抖動修正】（➡P.17），並善用【還原】功能。

❶ 斷斷續續的線條不夠流暢也不好看
❷ 善用軟體功能就能避免畫出有稜角的線條

POINT 使線條更流暢的小技巧

當繪製長髮沒有辦法一筆到位的時候，就要用長線來拼接。繪製時難免會有多出來的雜線，這時候也可以善用【橡皮擦】將線條修飾得更流暢。

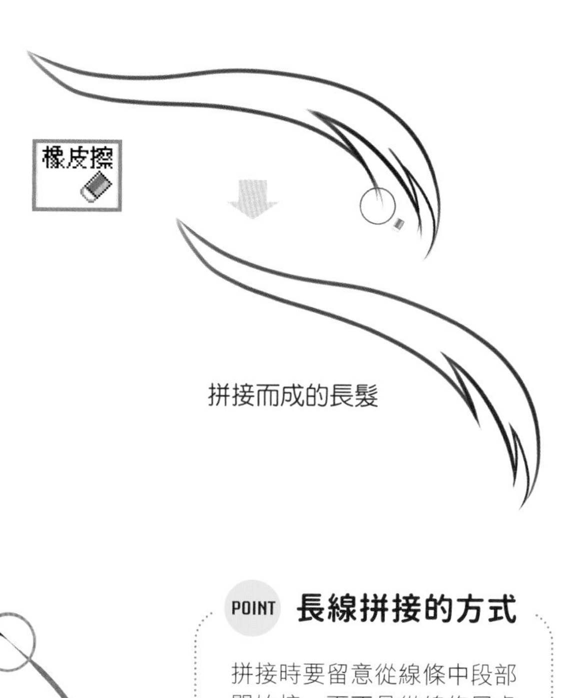

拼接而成的長髮

從線條中段開始接

從線條尾段開始接

POINT 長線拼接的方式

拼接時要留意從線條中段部開始接，而不是從線條尾處接，從尾處接的話會有明顯的斷層。

畫出生動的髮型

掌握到髮旋的位置和髮流的規律，便能合理的畫出不同髮型。讓我們按照順序一步一步開始練習吧。

1 先以鬢角為劃分線，分成前髮和後髮這兩個部分，同時要考慮到頭髮的厚度和頭形。

2 從髮旋開始畫出不同層次和不同區塊的髮束，頭髮要一束束畫，而不是一根根畫。

頭髮分區畫　　頭髮一根根畫

用髮束劃分成不同區塊，一根根畫會變得像麵條頭一樣！

3 髮束輪廓完成之後，畫出長短不一的小線條，這樣才能表現立體感和層次感。

POINT 頭髮的立體感

線條的粗細多寡可以呈現頭髮的立體感。

以多線和粗細呈現立體感

單線無法呈現出立體感

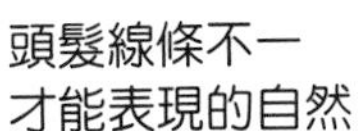

頭髮線條不一才能表現的自然

頭髮較為凹陷的地方多加線條或加粗可以表現出立體感

畫出漂亮的頭髮不容易，不要氣餒，流暢的線條是需要長時間練習的。

2-5

男性的各式髮型變化

➠了解頭髮的基礎畫法後，就要開始設計髮型了！男性髮型通常以短髮居多，短髮層次感強，又是以短線構成的，所以下筆的位置和規律很重要。

繪製髮梢

以常見的刺蝟頭來說，每一撮頭髮都是沿著頭皮輪廓生長的，所以先把頭型畫正確很重要。尤其是凹陷連結處的位置特別要注意，不可以畫得太裡面。

POINT 筆刷設定

繪製頭髮的筆刷設定，筆頭的最小直徑設定為0%，這樣在下筆的時候，可以同時善用筆壓，在髮尾處快速提筆，形成頭髮末端的輕盈感。

最小直徑 0%

露出額頭也是常見的男性髮型之一，露出額頭可以讓你的角色更增添男性成熟魅力喔。在畫頭髮前先把髮際線畫出來，這樣畫露額頭的髮型才相對容易。

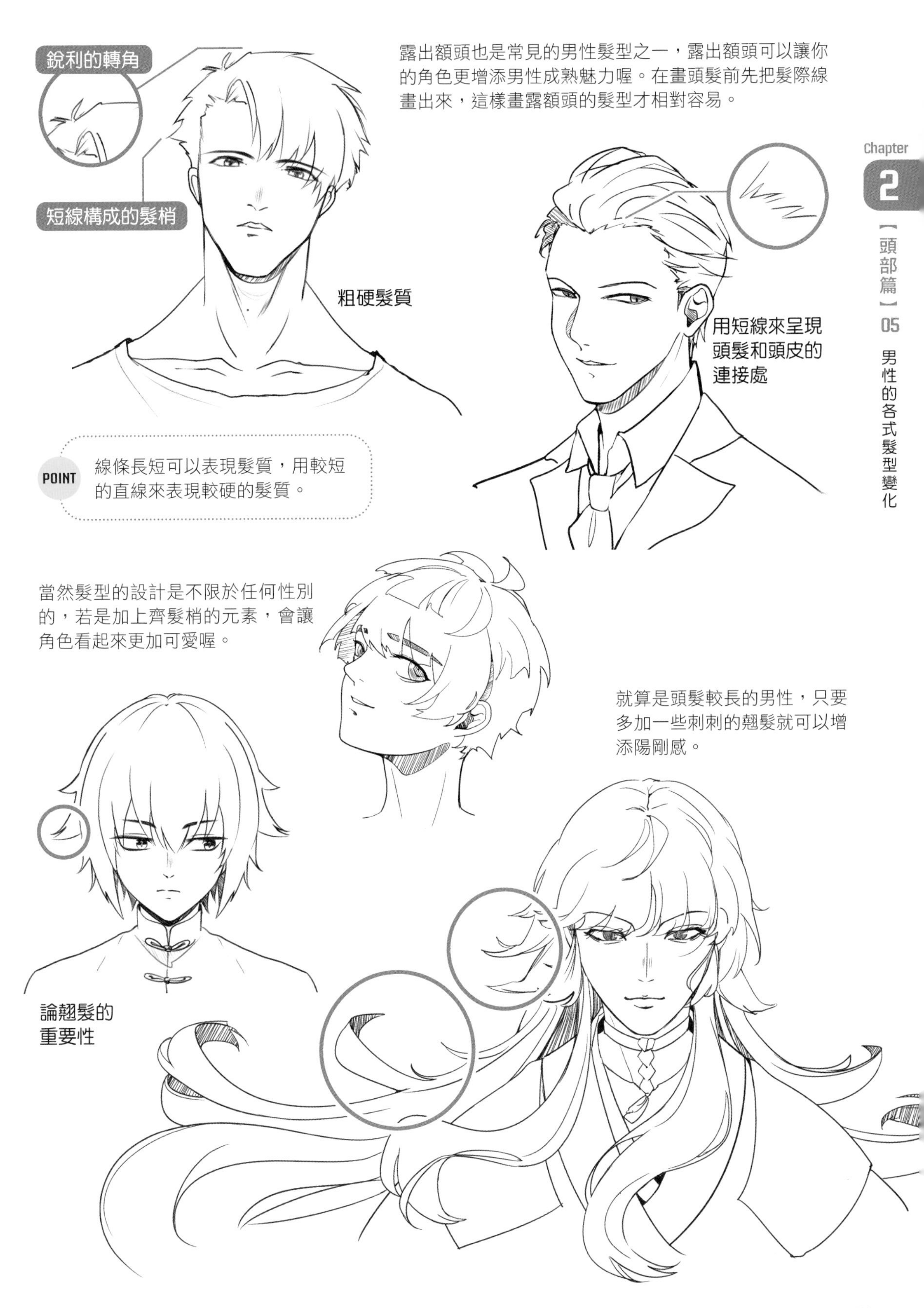

POINT 線條長短可以表現髮質，用較短的直線來表現較硬的髮質。

當然髮型的設計是不限於任何性別的，若是加上齊髮梢的元素，會讓角色看起來更加可愛喔。

就算是頭髮較長的男性，只要多加一些刺刺的翹髮就可以增添陽剛感。

2-6

女性的各式髮型變化

➡女性的髮型大多是以長髮來做各種變化，長髮強調柔順感，所以線條的流暢是最為重要的。

長直髮的繪製技巧

垂落的長直髮並不是完全直的，而會呈現自然的弧度，尤其是與身體接觸的地方會有不同程度的彎曲。若是再增添細碎的髮絲，可以讓人物看起來更自然更精緻。

不同髮型的呈現　從後方來看，髮尾會自然散開，呈現漂亮的弧形。

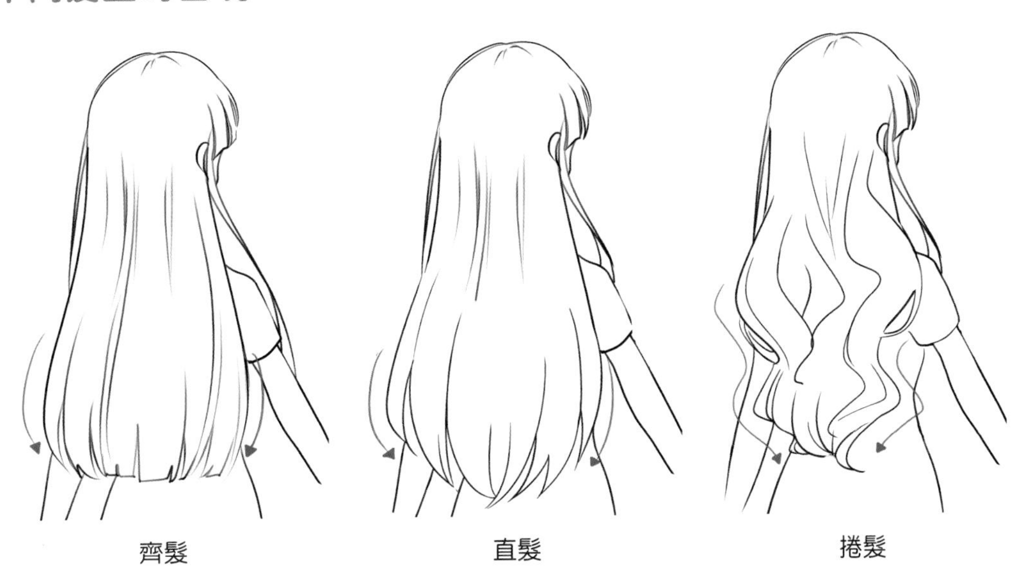

POINT 頭髮的立體感

在繪製飄逸的長髮時，將每一撮頭髮想像成紙條，強調頭髮的外層和裡層，增添頭髮的立體感。

捲髮的繪製技巧

相較於其他髮型，捲髮是較為困難的。以一束頭髮為例，方便大家理解。結合紙片的原理，將捲髮想像成紙片或者緞帶，先畫出一束有立體感的捲髮，照著相同原理畫出捲髮的層次，逐漸完成捲髮輪廓。

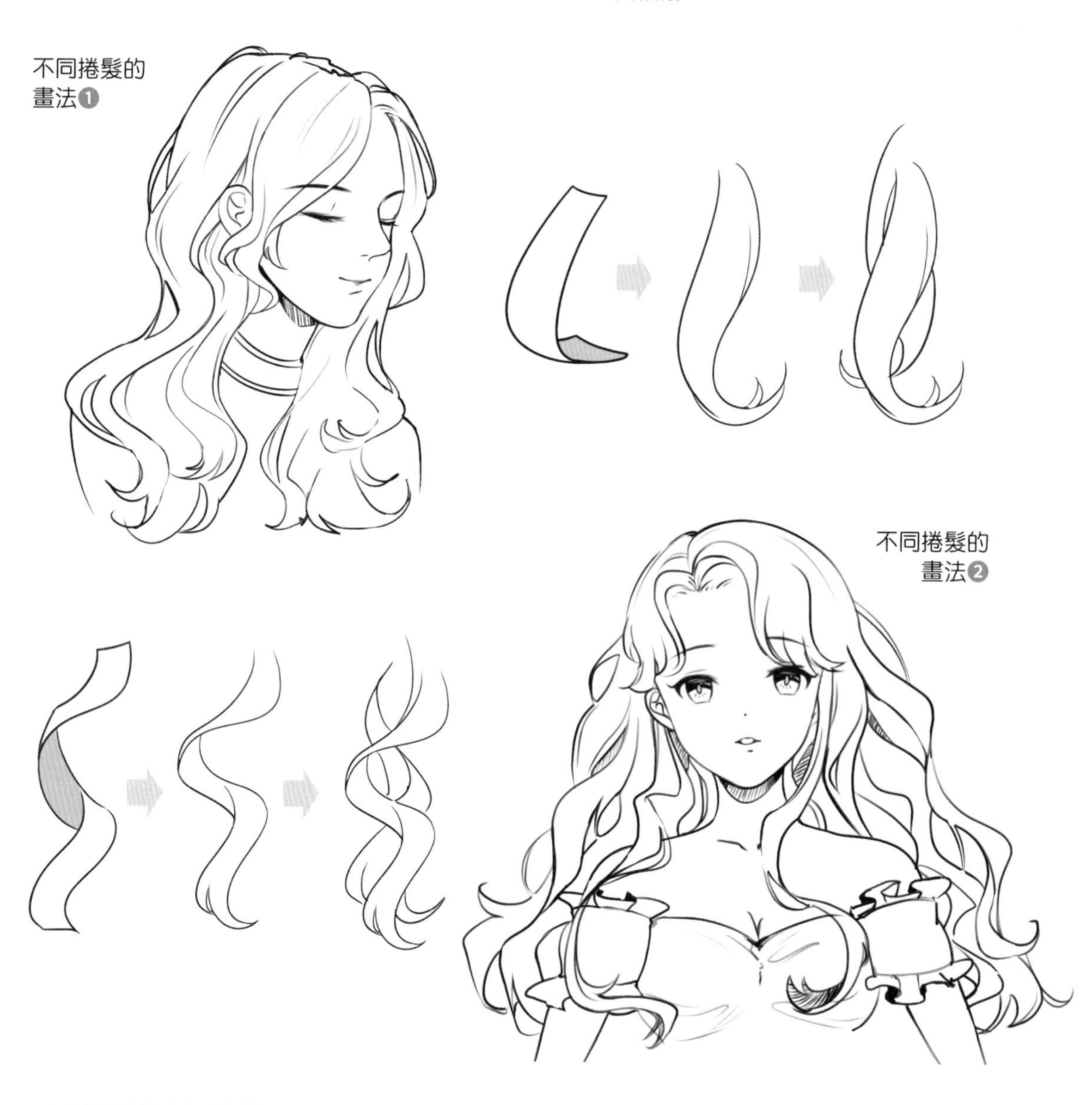

不自然的泡麵頭示範

NG

很多新手容易將捲髮畫成泡麵頭，其實捲髮並不單單只是將捲曲的線條畫在一起，捲髮的曲線是有層次變化的。

各式髮型的塑造

在女性的頭髮造型中，束髮是相當常見的。在畫的時候要特別注意束髮點和髮絲的走向。束髮點的根部髮量多也比較粗，到了髮梢處會愈來愈細。

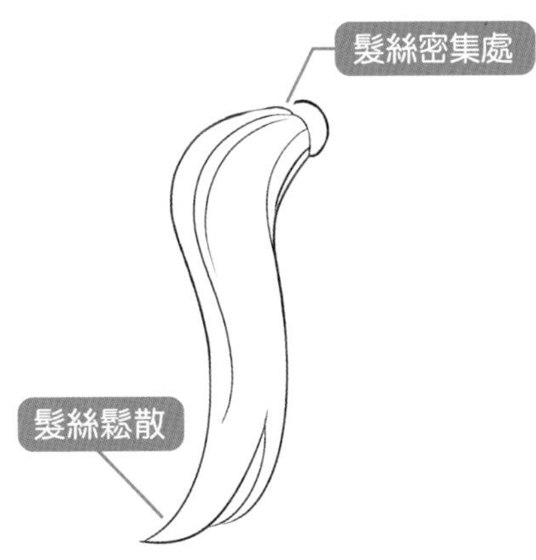

POINT 從髮結開始呈放射線畫出，髮結周圍可以多畫幾條線，強調拉扯感，若離髮結愈遠，髮絲走向則可以愈鬆散。

誇張化

正常髮量

有時候角色的髮型可以誇張化，增添特殊性和記憶點。

辮子的繪製訣竅

麻花辮是有規律性的，只要先掌握到外型輪廓，任何角度和弧度都能輕鬆上手。

1 畫出辮子的軌跡。

2 以線條為中心，畫出像括弧一樣的形狀，兩邊的括弧不能對稱。

3 辮子整體是上粗下細，會愈畫愈小，輪廓畫完之後補上髮絲細節就完成了！

2-7

頭部的透視

➠只了解到頭部的基礎是不夠的。如果不希望自己的角色都是固定同一張45度臉，那一定要將頭部的透視學起來，接下來一起來學習頭部透視。

各種角度的透視

先將頭部分成仰視、平視、俯視這三種視角。請看下方的範例圖，你是否發現了什麼呢？

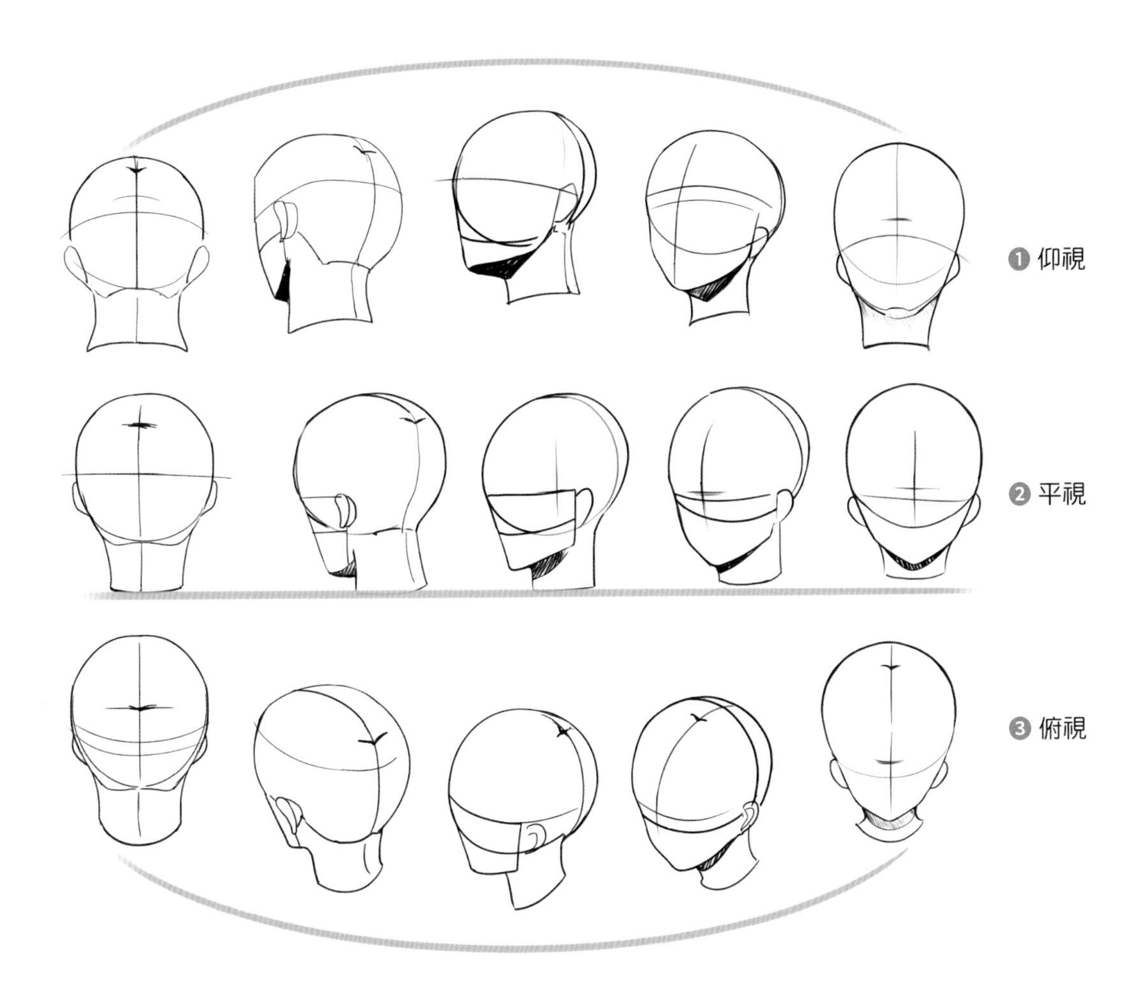

有發現嗎？從三者的透視線可以看出明顯的差異。

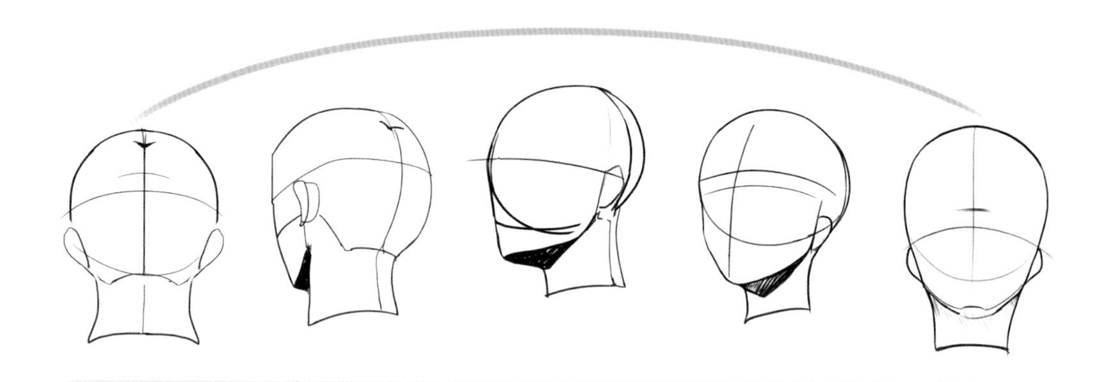

POINT **仰視** 視角由下往上。透視線往上彎曲，明顯露出下顎的部分，且臉偏大，頭偏小。

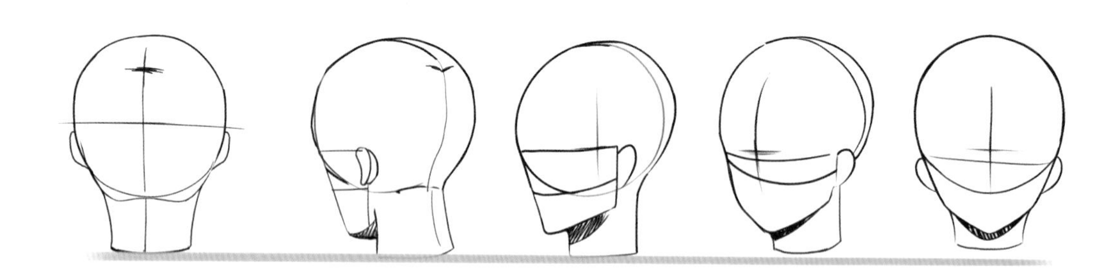

POINT **平視** 水平線位置。透視線是平行，沒有明顯的下顎和頭頂。

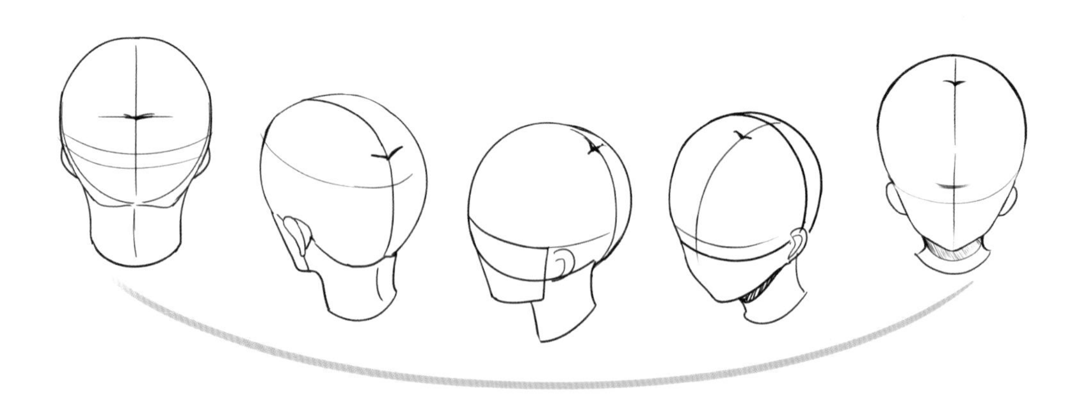

POINT **俯視** 視角由上往下。透視線往下彎曲，露出明顯的頭頂，且頭偏大臉偏小。

轉換形狀確認差異

將整顆頭想成蛋狀或者長方體，便能一目了然三種視角的差別性。

❶ 仰視

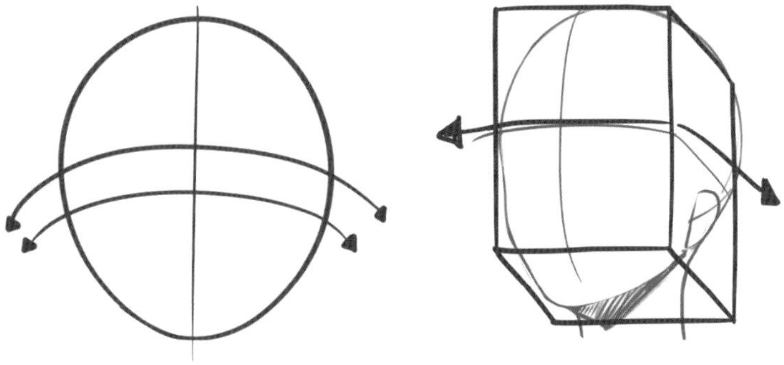

❷ 平視

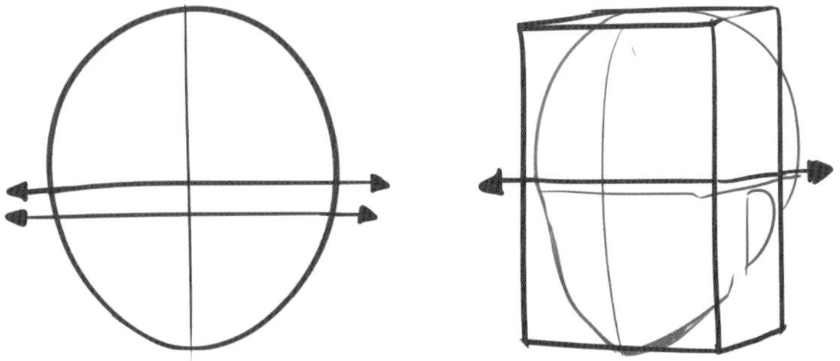

❸ 俯視

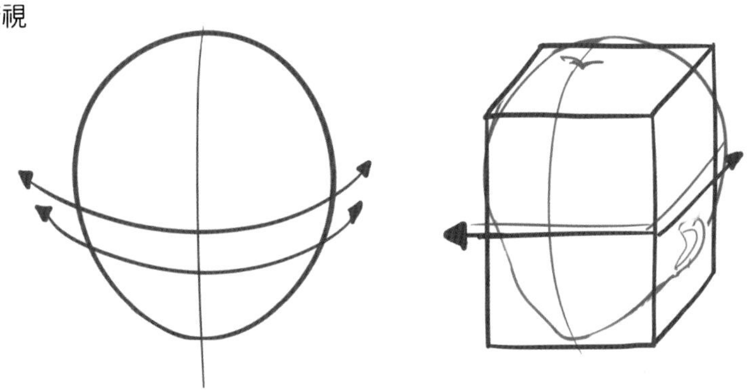

繪製頭部時，只要可以熟悉範例圖裡的這幾種視角和面相，基本上就能畫出整本漫畫所需要的頭部透視了。給自己出個作業，照著下頁範例圖開始練習吧！
請記得，不是只有畫頭部骨架而已，要把前面幾篇所學到的臉型和頭髮都運用上喔。

範例圖

CHAT BOX

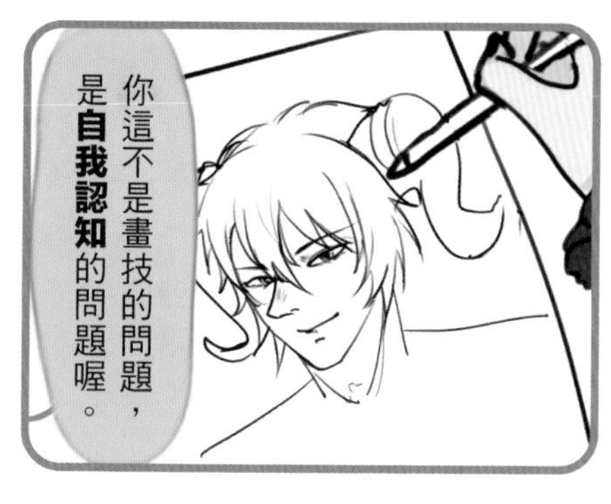

Chapter 3

身體骨架篇

正確的打骨架方式，
讓你告別火柴人！

3-1

男女的人體比例

➠在繪製人物骨架前，必須要先了解到人物的比例。一般情況下，繪師都是怎麼測量人物比例的呢？答案是：頭身比例。

掌握頭身比

掌握到頭身比例是非常重要的一環，所謂的頭身比就是身高與頭部的比例。正確的頭身比例才能讓身體顯得協調，在表現不同年齡和性別的角色時，也會有不一樣的頭身比。

畫人物一定都先要從頭部畫起。先確定好頭部的大小，才能算出整個人的身高比例。

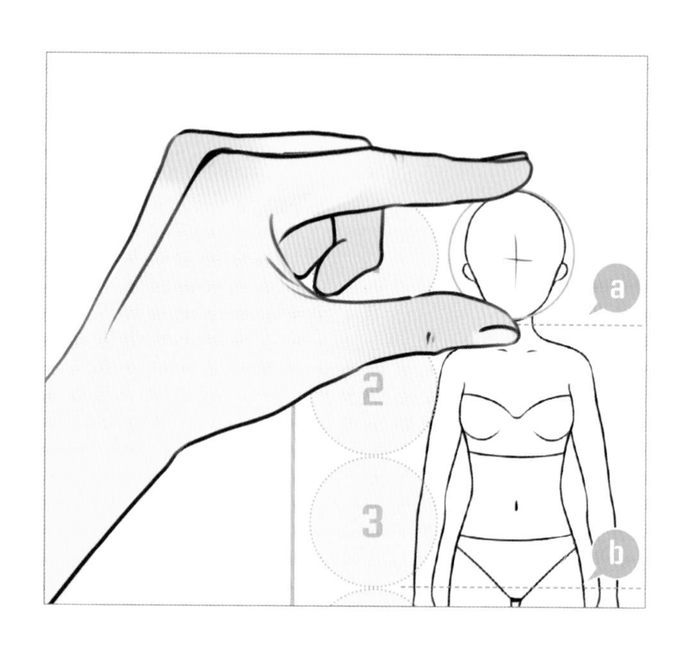

POINT 頭的長度，就是用於測量頭身比的基準，不管是電繪還是手繪都可以伸出你的大拇指和食指作為測量工具，在電腦螢幕上或紙上量出正確的長度。

頭身比例是可以靈活運用的。像是二到三頭身的Q版角色，或是歐美風格的八到九頭身，頭身比會因為風格而有不同的變化。只要注意到人體的整體比例和平衡，將其靈活運用，那就沒有問題了。

男女的頭身比例

常見的成年女性比例是六頭身，常見的成年男性是七頭身到八頭身。

POINT 不計算頭髮的厚度，身體最底端是腳跟處而不是腳尖處。

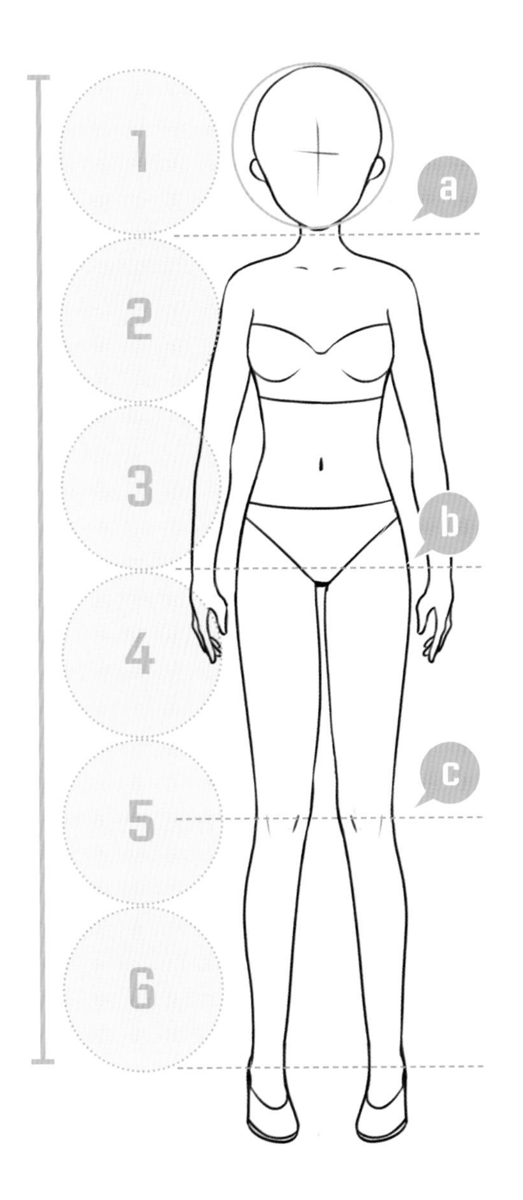

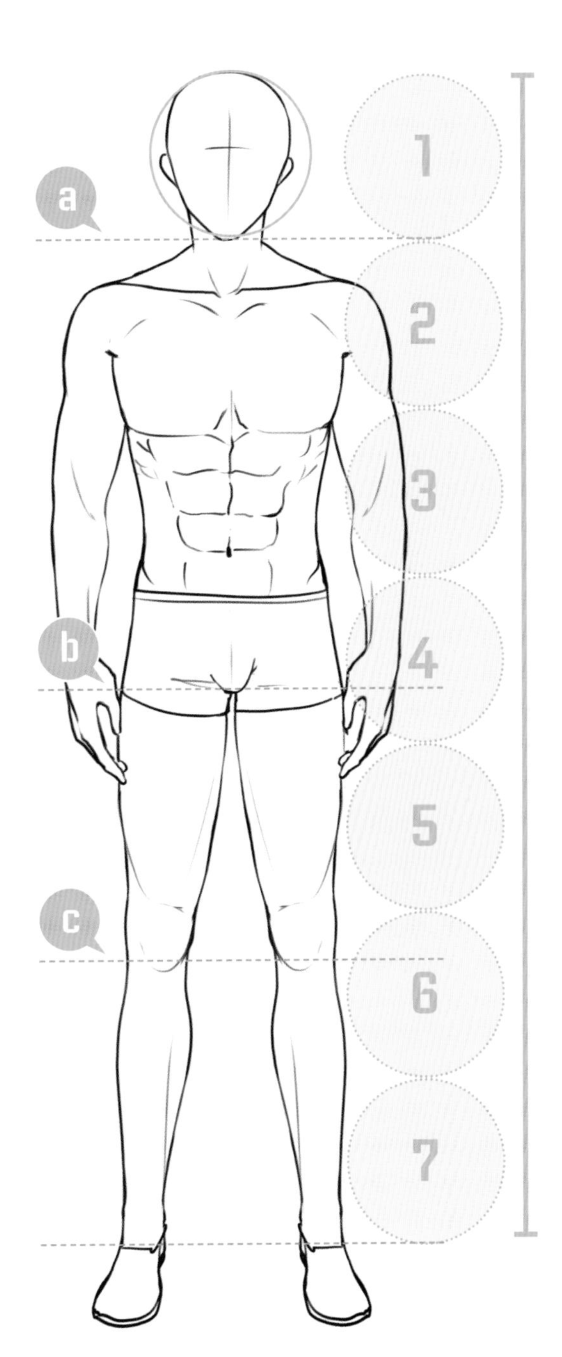

女性的頭身比例

- ⓐ 身體長度約2個圓圈長度
- ⓑ 大腿長度約1.5個圓圈長度
- ⓒ 小腿長度約1.5個圓圈長度

男性的頭身比例

- ⓐ 身體長度約2.5個圓圈長度
- ⓑ 大腿接近2個圓圈長度
- ⓒ 小腿接近2個圓圈長度

頭身比與關節位置

頭身比會因為身高而有所變化。那麼，要怎麼樣確認不同的身長也能畫出正確的比例呢？這裡就要講到關節了。

關節的位置也是衡量全身平衡的要點，可以用關節處來確定身體的比例。

POINT 關節的位置

簡單來說，請掌握下面兩個要點。

ⓐ 頭頂到腰的長度＝腰到膝蓋的長度。

ⓑ 大腿到膝蓋的長度＝膝蓋到腳踝的長度。

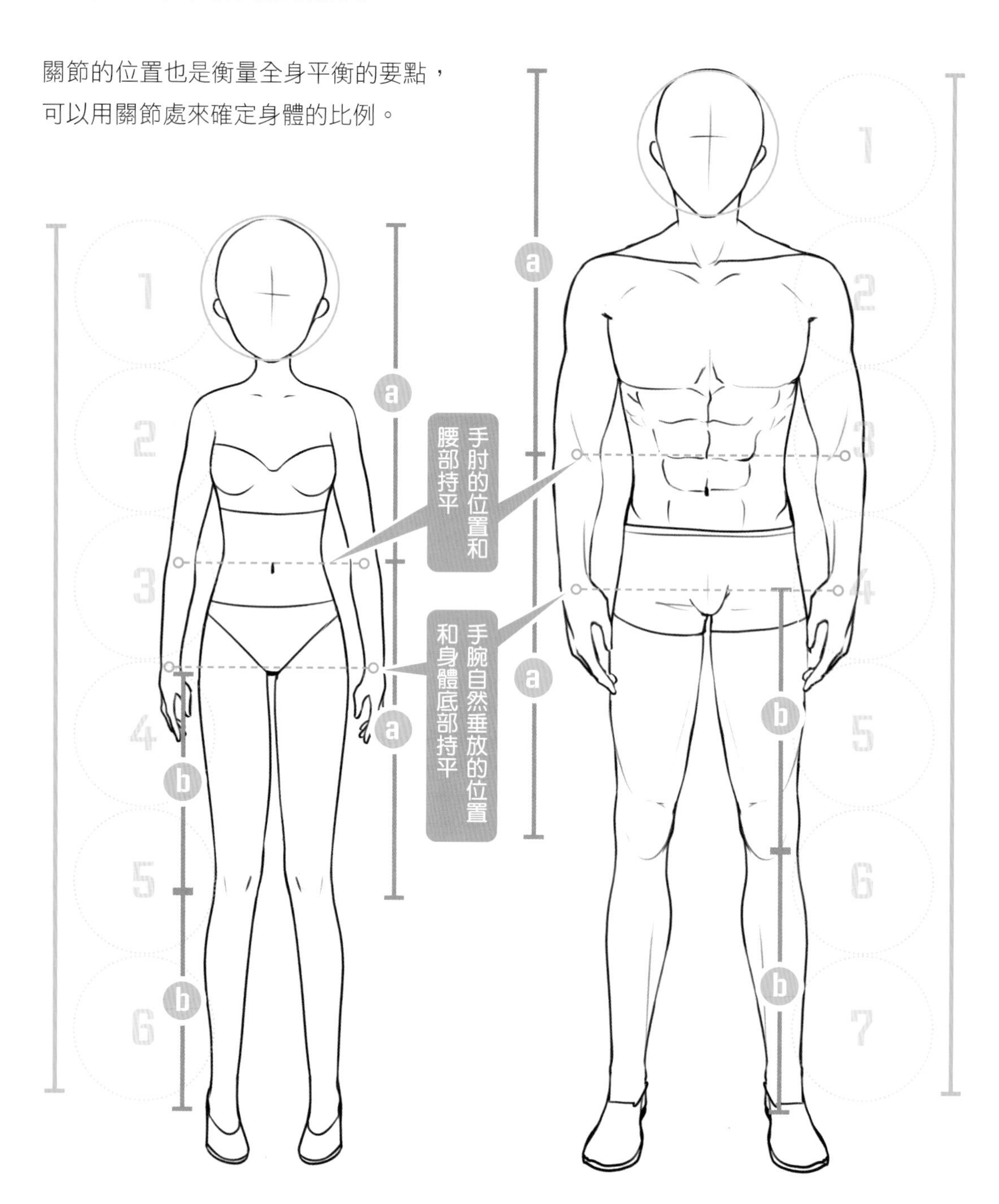

另外，根據動作和透視的不同，
也可以使用不同的測量方式。

❶女性上臂的長度大約是一顆頭的長度，男性會長一點。
❷女性的下巴到下胸剛好是一顆頭的長度。
❸手肘的擺動是在弧線上。

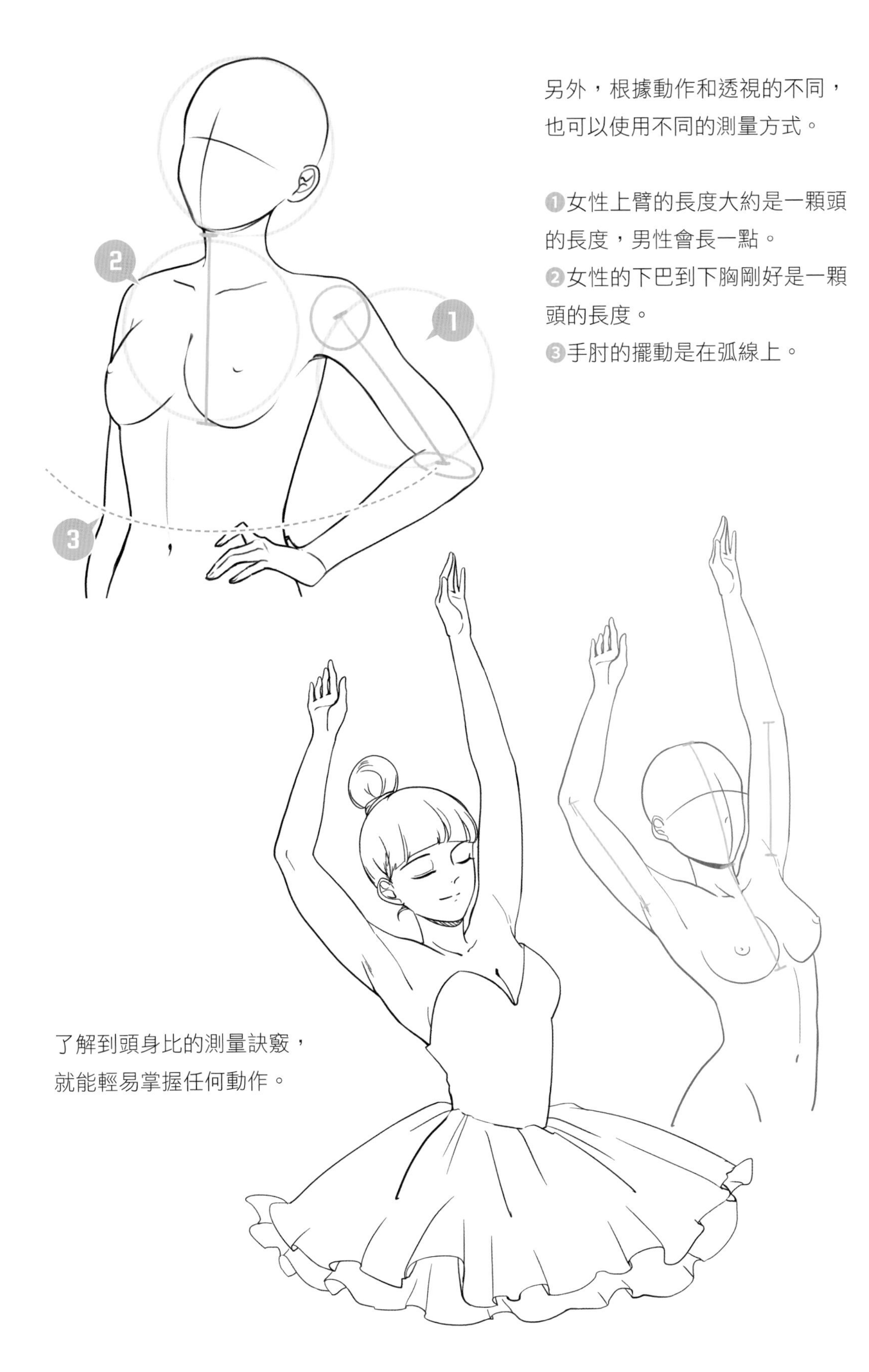

了解到頭身比的測量訣竅，
就能輕易掌握任何動作。

3-2

如何繪製身體骨架？

➟掌握到如何定位身體各部分的位置和比例之後，就可以進一步的學習骨架的繪製方式。

打骨架 打骨架是繪製人體最重要的步驟，能輔助理解人體結構和抓人體型態，不論比例、動作還是透視都是在打骨架這個階段必須完成的。骨架由最基本的三個元素組成，分別是「關節球」、「幾何形」和「輔助線」。

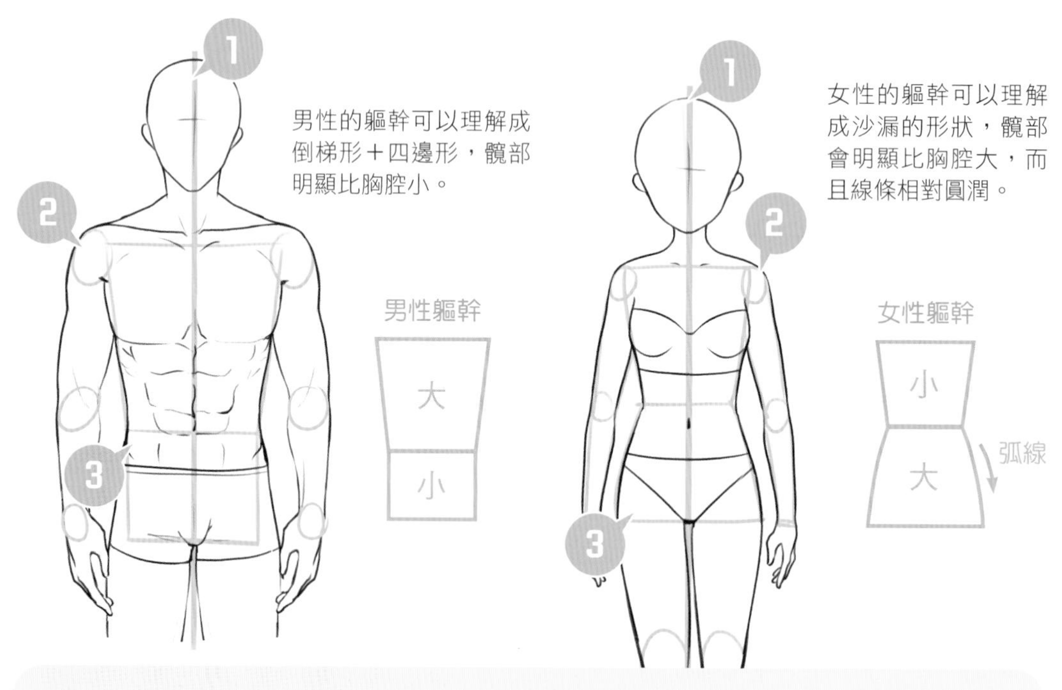

❶ 輔助中線：輔助中線是確認軀幹的中心和身體面向，跟頭部的十字輔助線一樣道理。
❷ 關節球：關節球位於關節處，是人體可活動的地方，有定位作用。
❸ 幾何形：例如長方體、圓柱體等，可以方便抓出人體粗略的型態還有對立體透視的理解。

如果是少年少女的話，可以簡化兩者的軀幹特徵。

少年軀幹

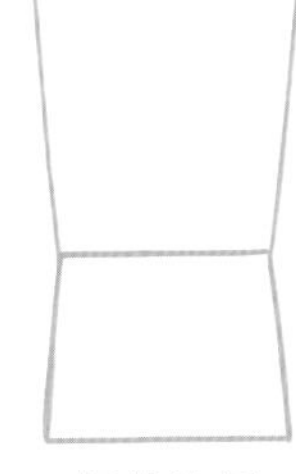

軀幹比例
相對平均

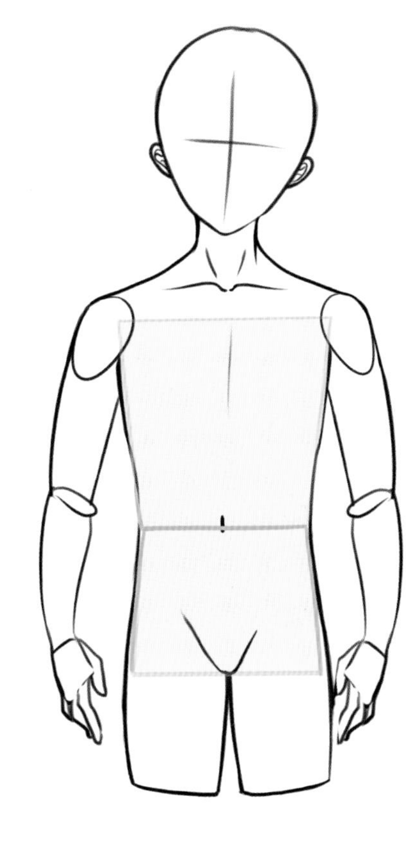

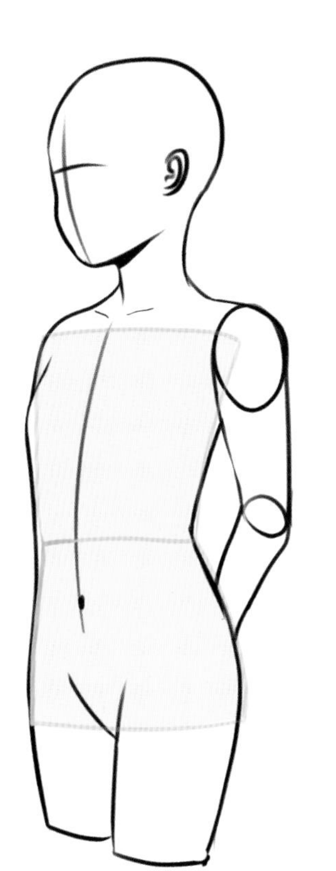

少女軀幹

較不明顯的骨盆，
上下塊較為平均

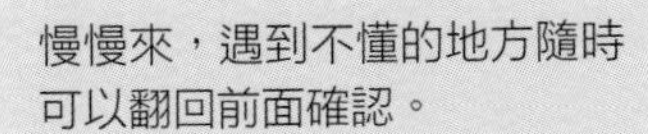

CHAT BOX

又是比例又是骨架，有好多要記。

慢慢來，遇到不懂的地方隨時可以翻回前面確認。

那我要如何從頭畫出一副骨架呢？

這就是我們接下來要教的部分！不管是新手還是老手都一定都要先打骨架。

骨架起稿

熟練了人體比例之後，可以直接從步驟❷開始打稿，動作就不限於站姿了。

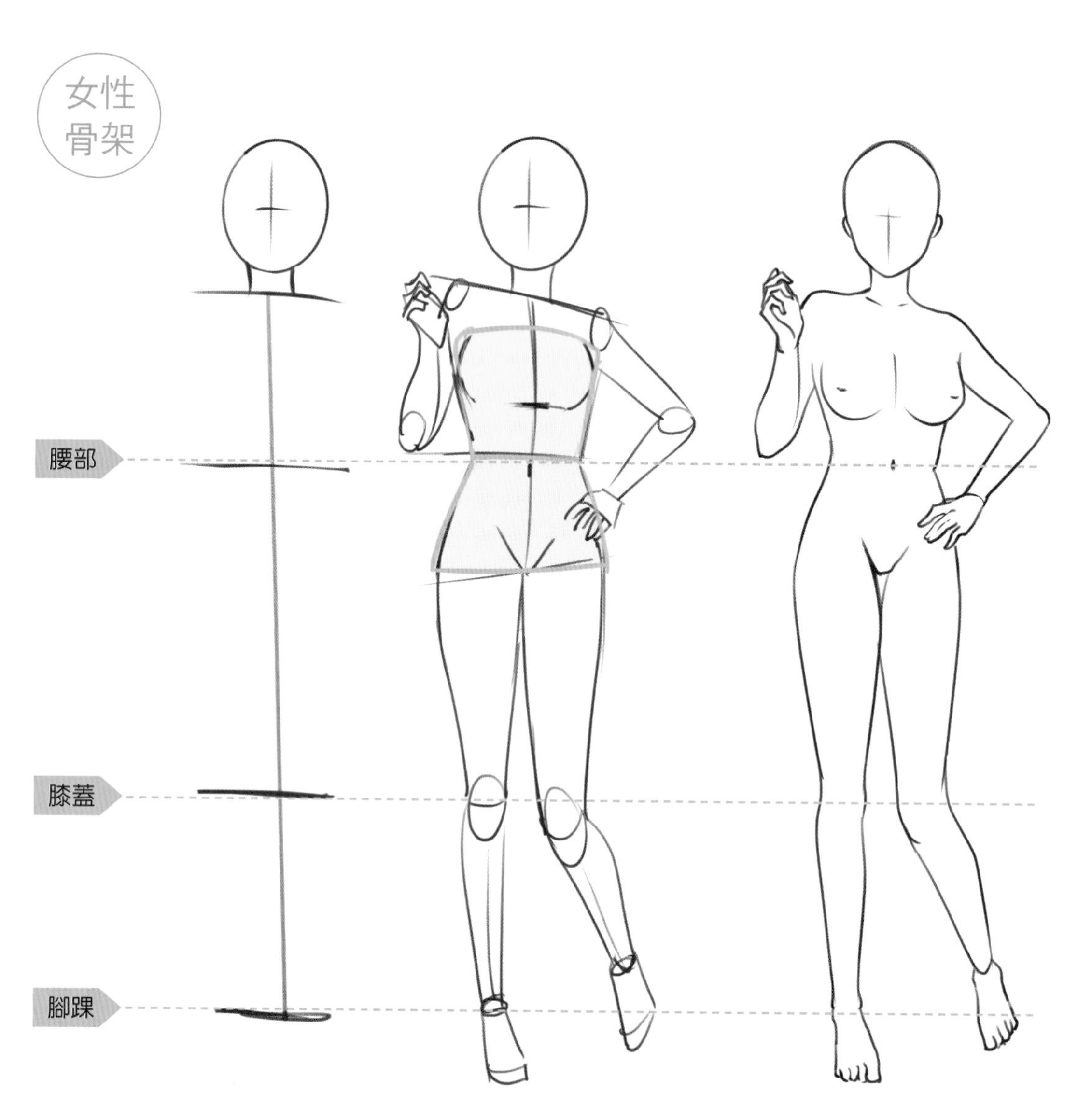

1 畫出頭型，請參考 P.50的〈掌握頭身比〉抓出女性的身長比例。

2 如橘色範圍般以沙漏形狀表現軀幹，用關節球定位關節位置，再以幾何形呈現四肢粗細，並畫出軀幹中心線來確認對稱。

3 依骨架一步步畫出身體的各部位細節和肌肉線條。

POINT 測量頭身比

頭身比例的測量適用於平視的人體，若涉及到不同透視和角度的話，人體比例又會有不一樣的變化。

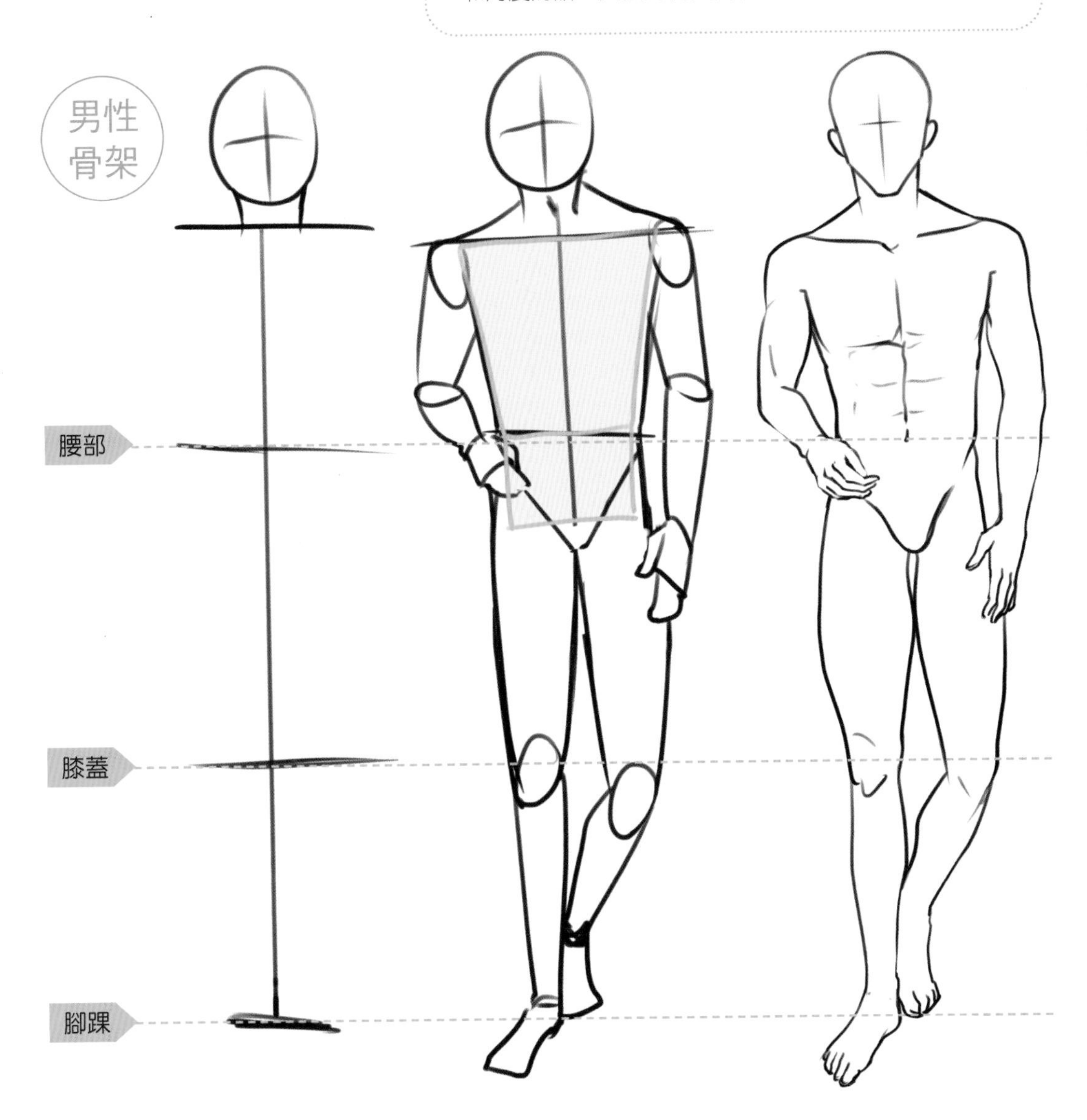

1 畫出頭型，請參考P.50的〈掌握頭身比〉抓出男性的身長比例。

2 如橘色範圍般以**梯形＋四邊形**表現軀幹，用關節球定位關節位置，再以幾何形呈現四肢粗細，並畫出軀幹中心線來確認對稱。

3 依骨架一步步畫出身體的各部位細節和肌肉線條。

3-3

人體透視、動作的呈現

➠任何物品或人體都有透視。將軀幹方塊化就能輕鬆掌握透視技巧，請想像將人體裝在立方體裡，藉由立方體的透視變化觀察人體的透視。

人體透視——俯仰視

假設這是放進長方體禮盒的人物模型，當俯視長方體時，會發現什麼呢？

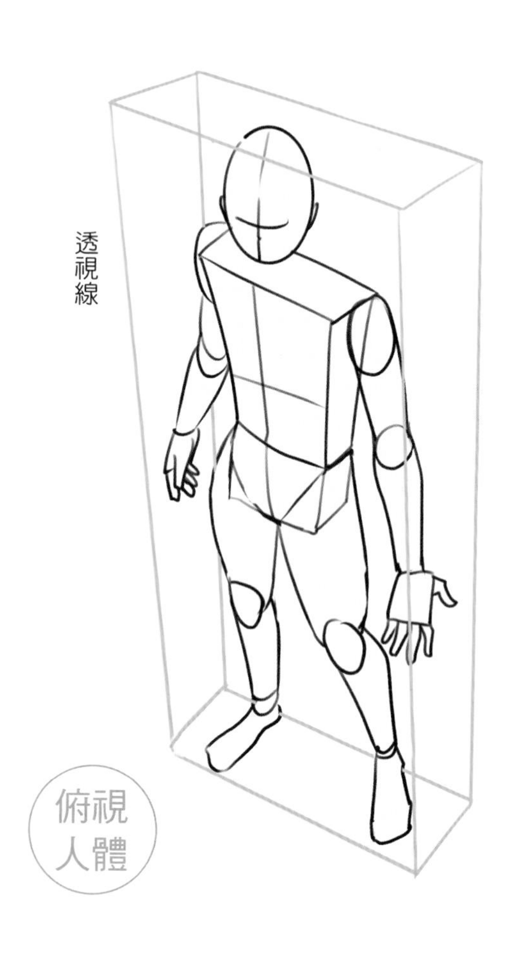

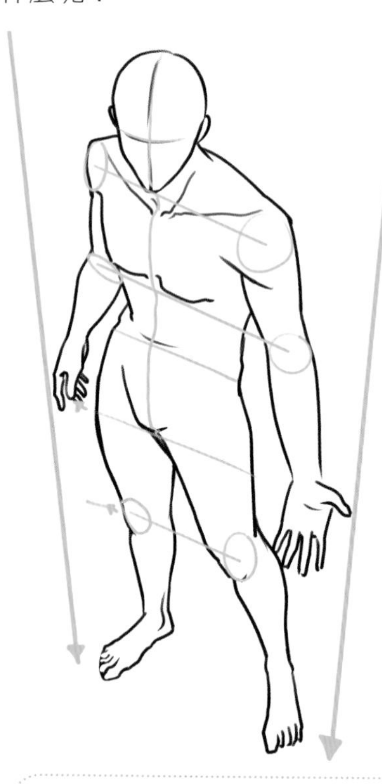

POINT 上寬下窄，頂部和側面是明顯可見的，並且透視線都是平行的斜線。在畫人體透視時，要特別注意肩膀、手肘和膝蓋等關節處連線，是否與透視線平行。

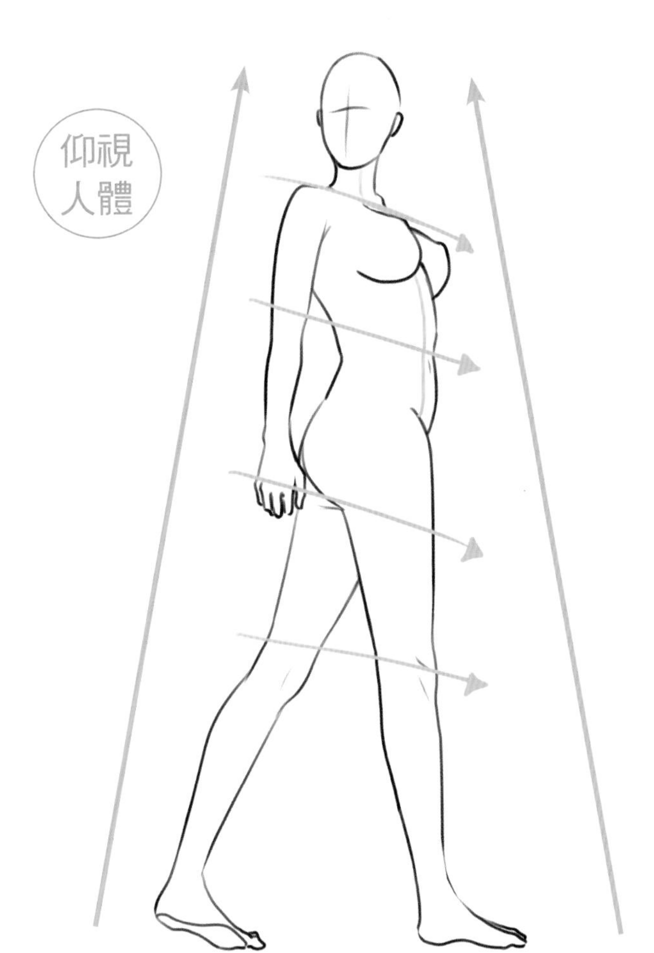

當仰視人體時，會發現上窄下寬，人體關節處的連線一樣與透視線平行。

POINT 中線與透視線

將人體軀幹方塊化可以輕鬆地抓到人體的透視，同時也要注意到人體的中線會隨著身體的扭動而改變。中線跟透視線都是重要的輔助工具，切記不要忽略喔。

人體的中線不是直直一條通到底的線，而是要隨著身體的立體感，脖子處向內凹、胸膛處向外凸起，而胸膛和髖部呈現扭動的線狀。

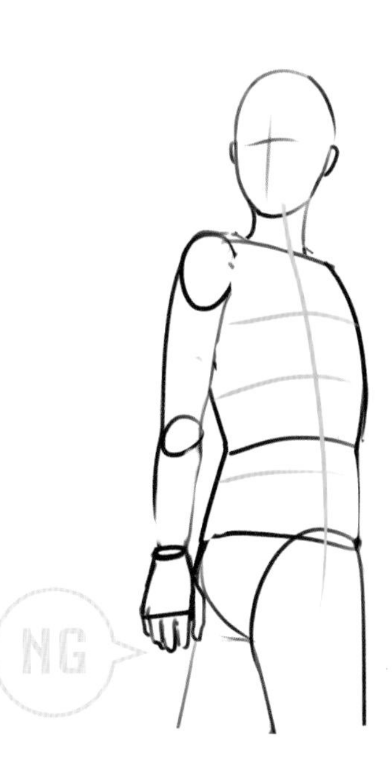

不同動作的透視

身體向前傾斜的透視呈現。肩膀是一個平面，四肢則想像成圓柱體，由於透視的壓縮，手臂變短，手臂的橫切面會呈橢圓形。

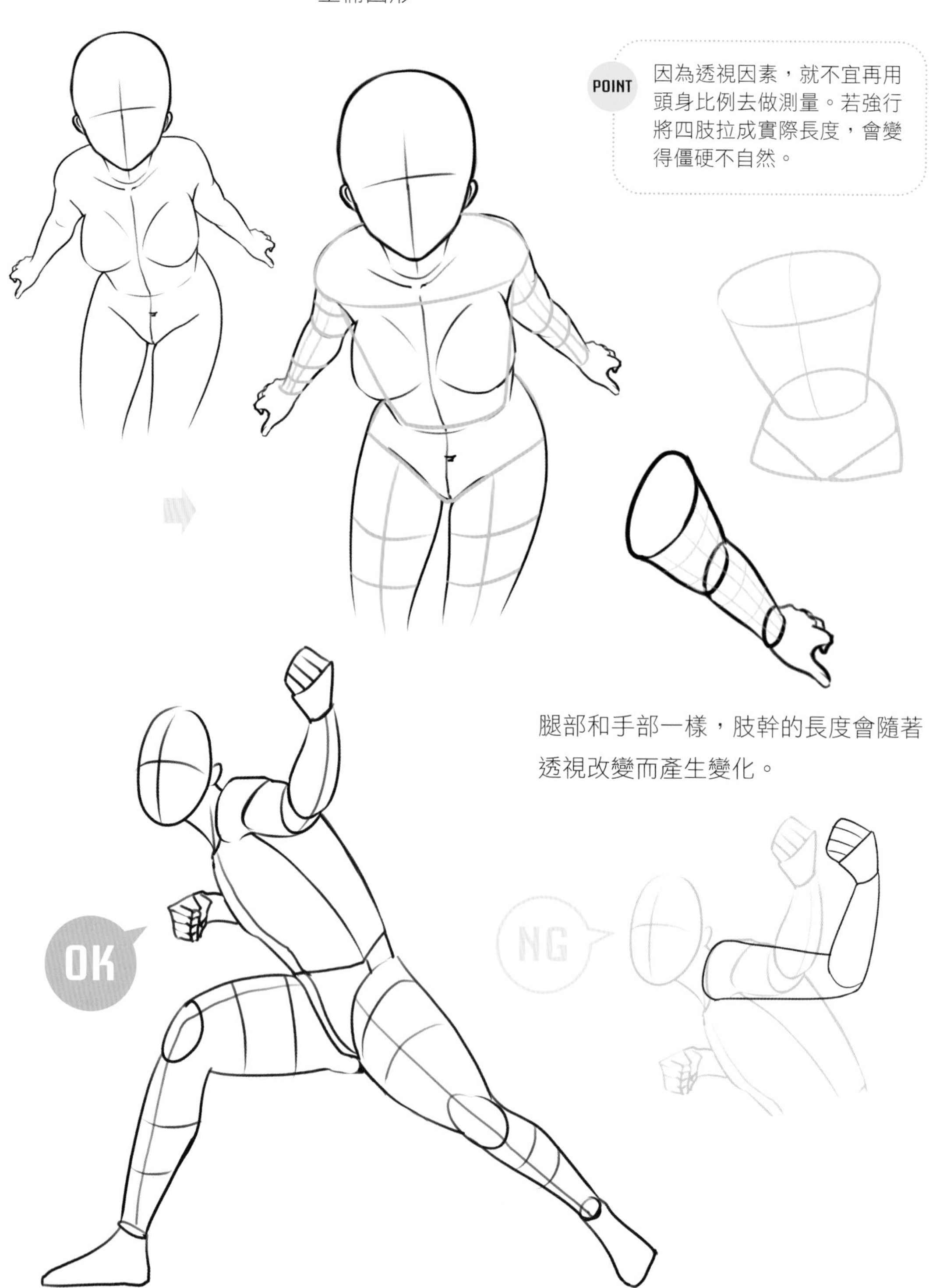

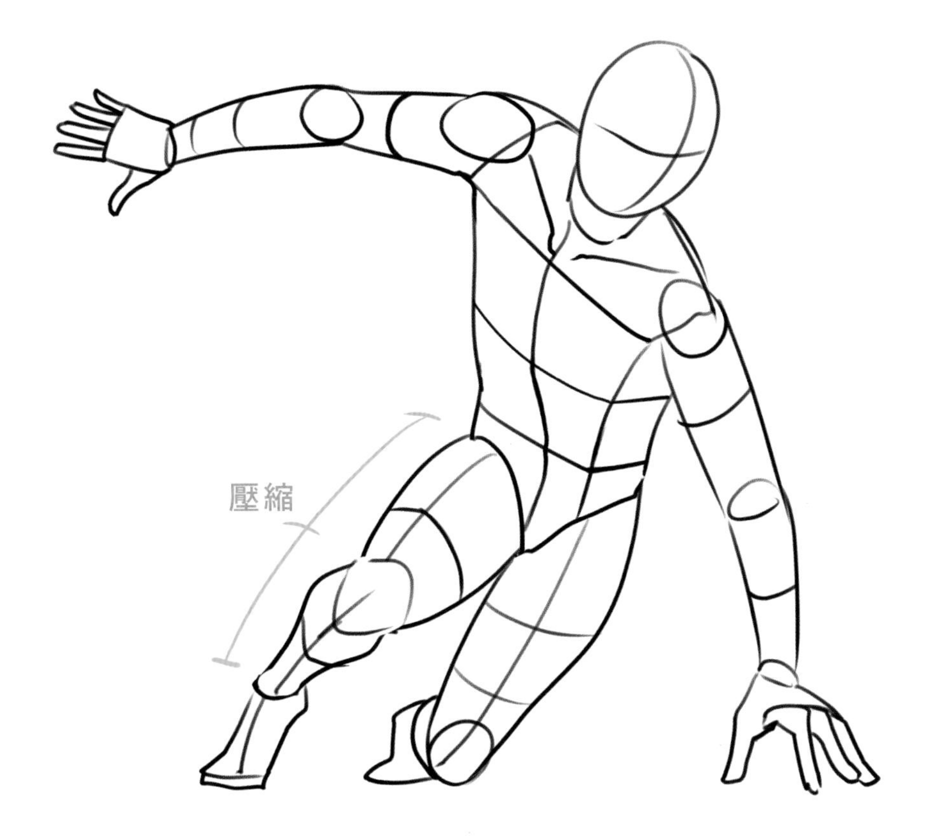

練習骨架的時候，最好能夠找到人體動作的參考。不論是照片、3D 骨架或人體模型等等的……都有助於學習人體構圖，千萬不要自己憑空想像各種姿勢。用想像畫出來的角色骨架不只會崩壞，還有可能阻礙你的進步。

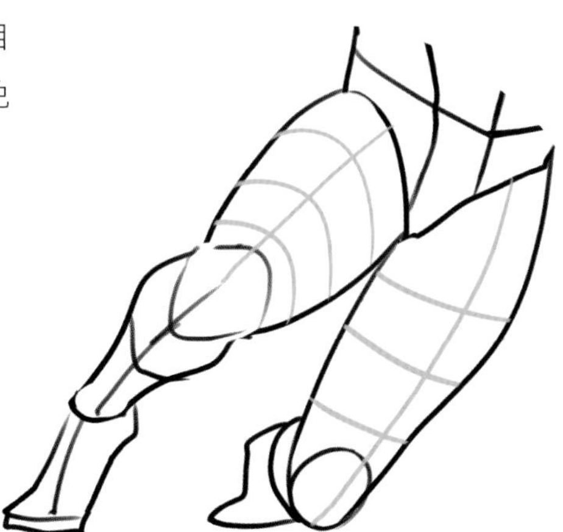

請參考右圖大腿向前伸與水平視角的大腿，可看出兩者的透視線產生明顯的差異。

找參考圖有助於訓練觀察力和對人體結構的認知，所以無論如何都要找正確的參考圖練習喔！

3-4

身體的各部位畫法 畫出肌肉型男

➠ 了解男女骨架的差別後，就能更深入的學習男女身體各部位的差異性。設計角色時，若能強調不同的體型，可以讓人物更有魅力也更有辨別度喔。

肌肉線條

想要畫出帥氣英挺的男性角色，就必須要先學好人體的肌肉。男性體脂肪低，肌肉線條相對明顯。

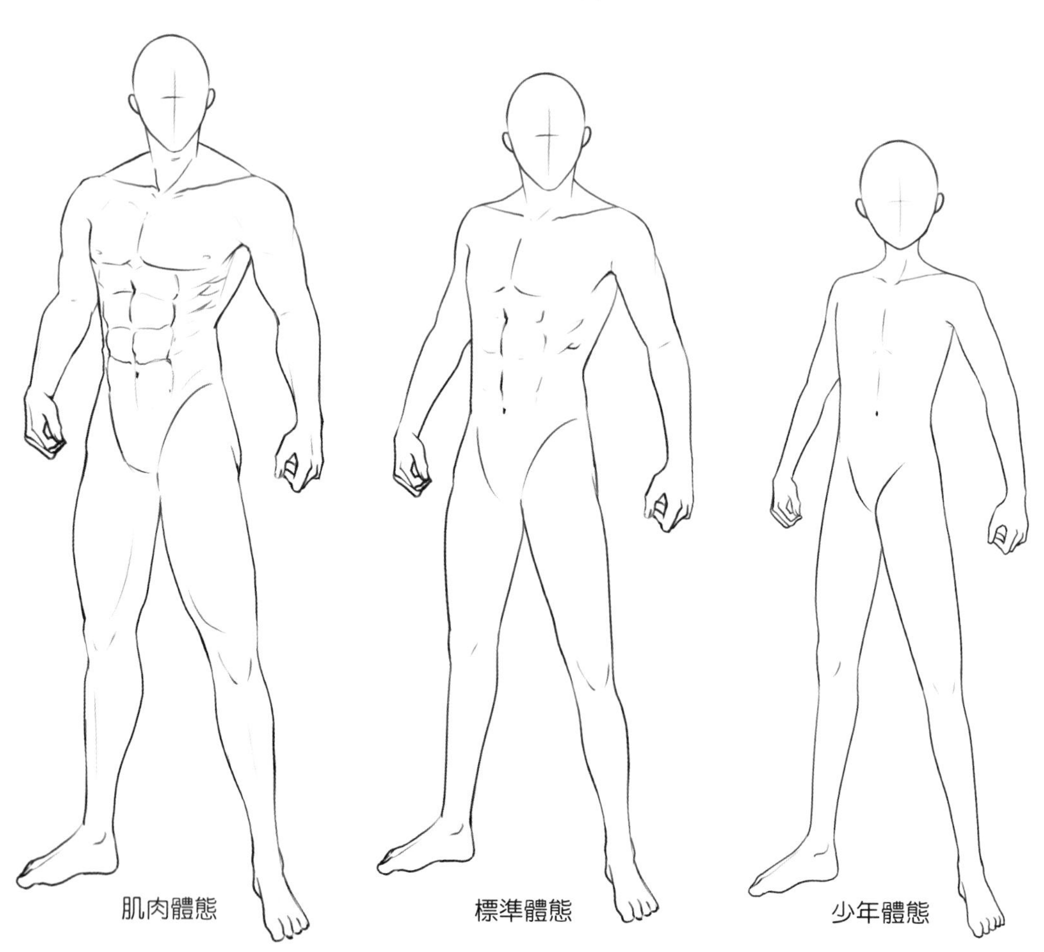

男性身體特徵

以標準體態作為基準，只要掌握到以下幾點訣竅，就不用怕自己畫的男性角色不夠英挺了！

脖子粗

兩條脖子線會從耳根的地方連下來。

鎖骨明顯

畫出鎖骨可以讓男性看起來更加帥氣，鎖骨位於胸腔上方，中間凹處形成空隙，鎖骨會一直延伸連到肩膀轉角處。

斜方肌明顯

男性肌肉發達，可以明顯的看到斜方肌的上邊緣。

POINT 愈是精壯的男性，肌肉線條就愈明顯，可以看見肌肉體態除了身形高壯以外，各部位的肌肉也非常明顯。

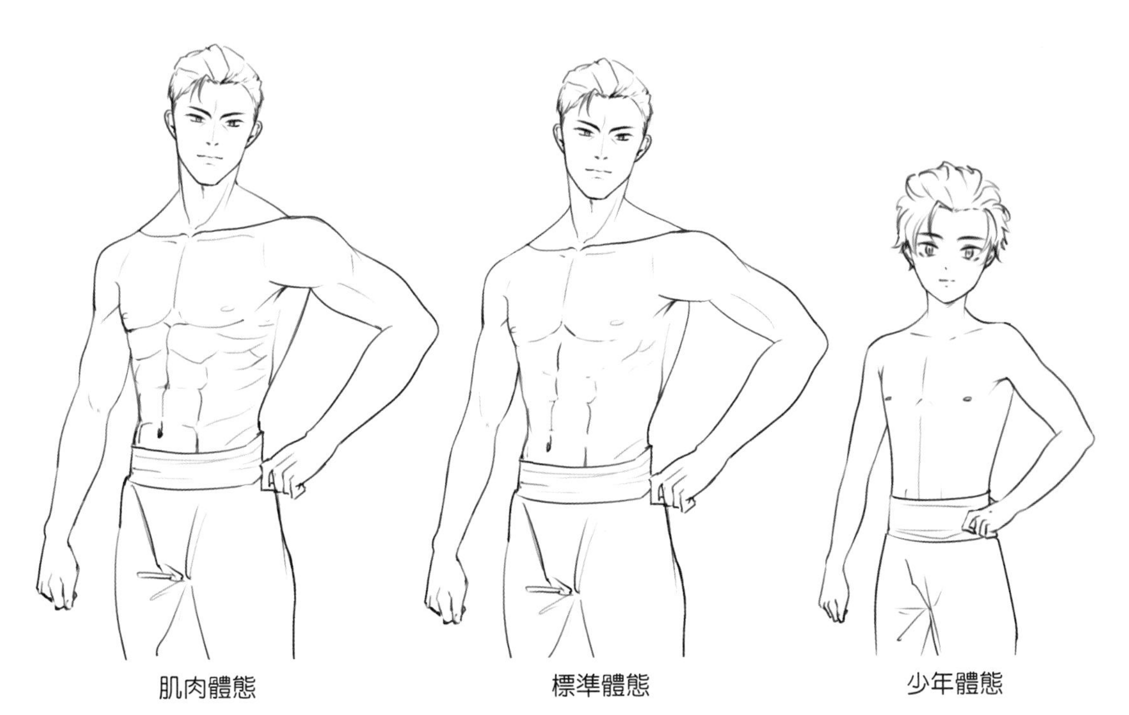

POINT 不一樣的肌肉度 —— 少年體態

少年體態除了體型纖細以外，身體沒有明顯的肌肉輪廓，斜方肌像女性一樣不明顯，腹部可以畫一條中線來簡單的表示腹肌位置，表示精瘦感。注意手臂的肌肉輪廓還是要畫出來喔。

軀幹肌肉分析

要畫出好看的肌肉，一定要先了解到肌肉的生長方式和它的構造。人體軀幹的肌肉是甚麼樣的構造呢？

斜方肌 脖子連肩膀的這一塊，通常繪製成年男性都會有明顯的斜方肌。

胸大肌 男性的胸部是偏向五邊形，不會像女性胸部那樣的圓潤。

前鋸肌 因形似鋸齒狀，也稱作「鯊魚肌」和「子彈肌」，位於胸前肋骨。

人魚線 正確學名為「腹內外斜肌」，通常是美與性感的指標喔。

腹肌 位於肚子的八塊肌肉，注意不要將腹肌畫成太過僵硬的正方形。從上往下數的第三塊腹肌肉剛好是肚臍的位置。

POINT 肌肉線條

在畫肌肉時，線條不用太過僵硬，可以用細線若隱若現的表示出肌肉位置，這樣才顯得自然喔！

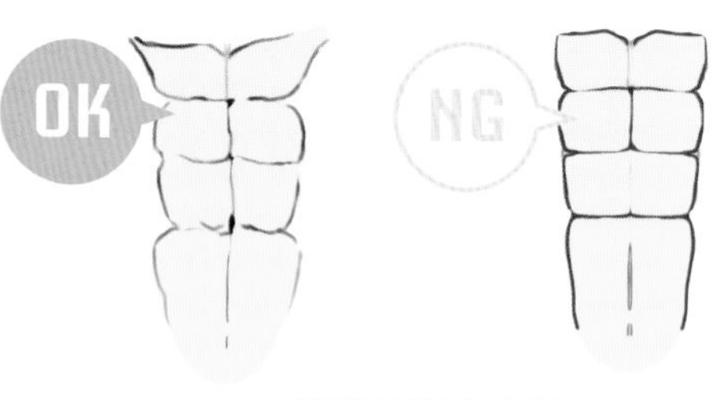

腹肌的肌肉表現

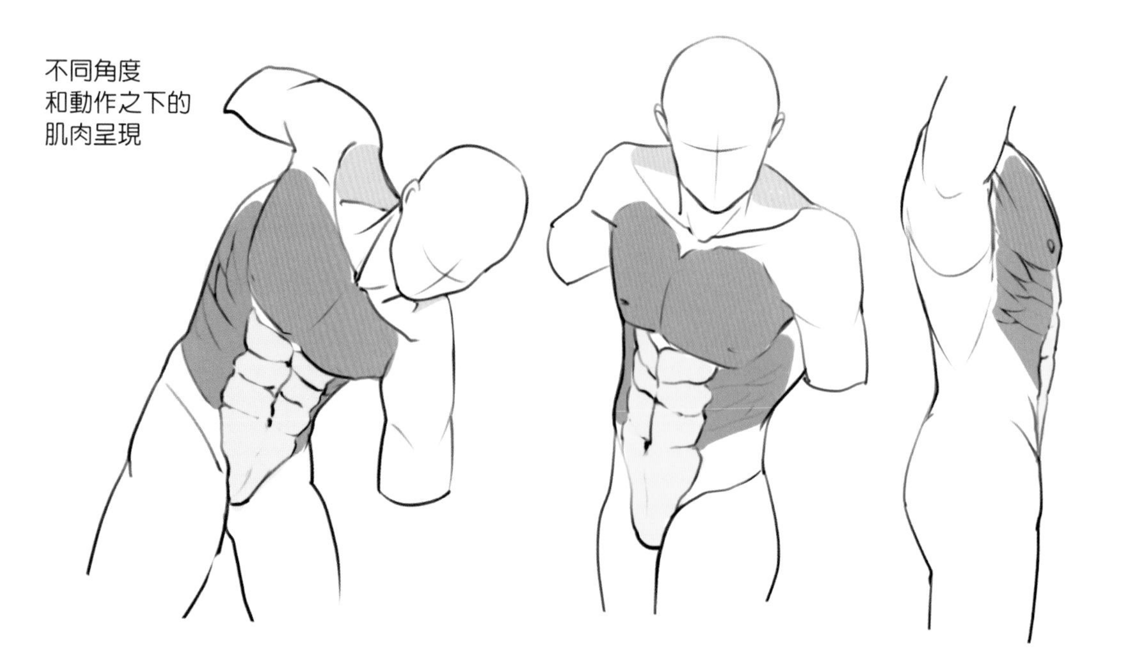

不同角度
和動作之下的
肌肉呈現

四肢的肌肉

手臂和腿部的肌肉線條，只要認識下面這幾個最主要的肌肉部位，就能畫出很好看的輪廓線條了。

三角肌 位於肩膀的位置，人物是否精壯三頭肌的呈現很重要。

二頭肌 男性會有明顯的二頭肌。

肱橈肌 不管是男性還是女性，前臂若少了這個部位的肌肉曲線會很突兀喔。

股直肌 大腿最明顯的肌肉。

POINT 可以依據角色設定而調整不一樣的肌肉程度，不一定都要這麼精壯，只有簡單肌肉線條的修長體態也不錯。

肌肉猛男的手臂上
可以加上青筋增添粗獷感。

手部的畫法

人的手像表情一樣可以表現出豐富的情緒。手部的形狀較複雜，如果要畫出靈活的手，就必須花點心思在觀察手部型態上。

1 在繪製的時候要注意手指和手掌之間的比例，中指是五指當中最長的，與手掌長度差不多。

2 手指關節處要稍微凸出來，才能分別出各個指節。

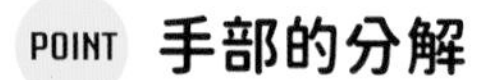

POINT 手部的分解

可以用簡單的幾何形來建造手部的結構，四邊形代表手掌，圓柱體代表各個手指節。

3 手指像是圓柱體，也要注意到立體感和透視的部分。

BONUS

手部練習方式

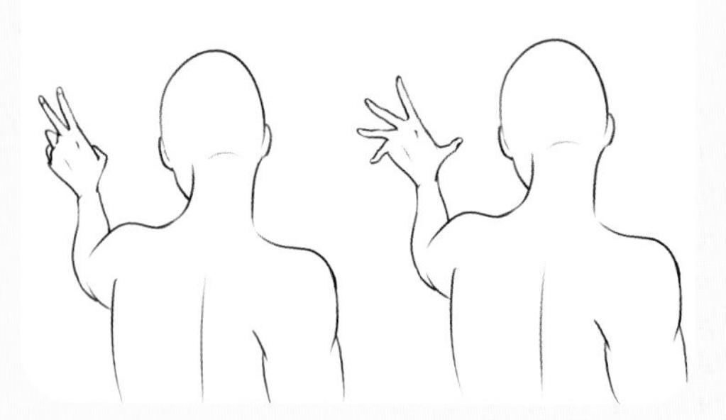

手一直舉直著很酸嗎？可以用手機拍下自己的手，這樣就能更方便練習。

POINT 手部是最好觀察的部位。伸出自己的手來，試著翻轉移動，擺出不同的姿態，是不是就是最好的繪畫素材了呢？

男性手部特徵

男性的手若畫得好，也能大大增添角色的魅力喔，畢竟有很多人是手控嘛！那要如何畫出男性強而有力又性感的手呢？

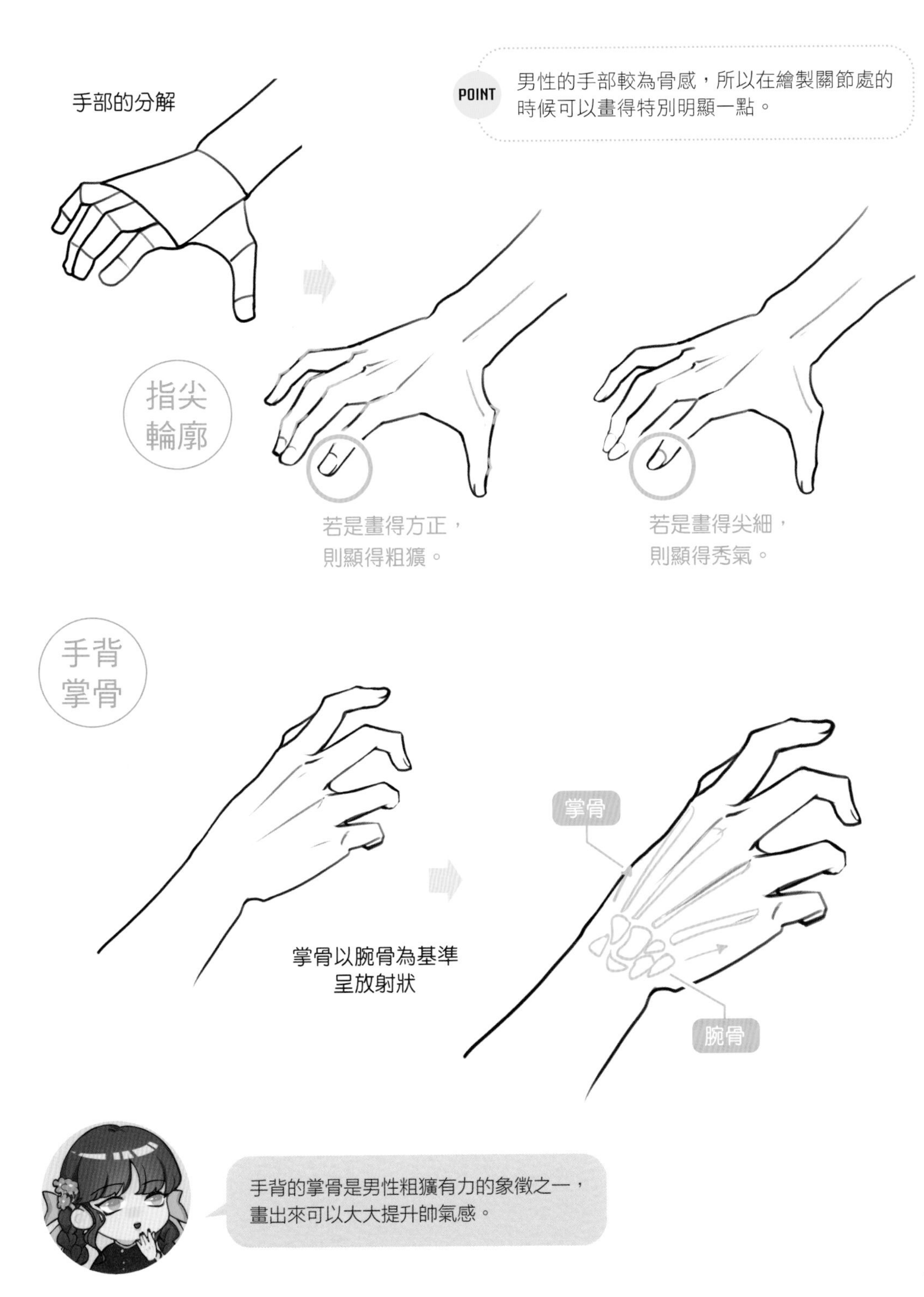

手背的掌骨是男性粗獷有力的象徵之一，畫出來可以大大提升帥氣感。

3-5

身體的各部位畫法 畫出性感女神

➡相較於肌肉線條明顯的男性，女性則體脂肪含量較多，所以身體曲線以弧線為主，強調身體的柔和感。

體態曲線 下方範例圖中有三種不同體態的女性，分別是標準體態、豐腴體態和少女體態。

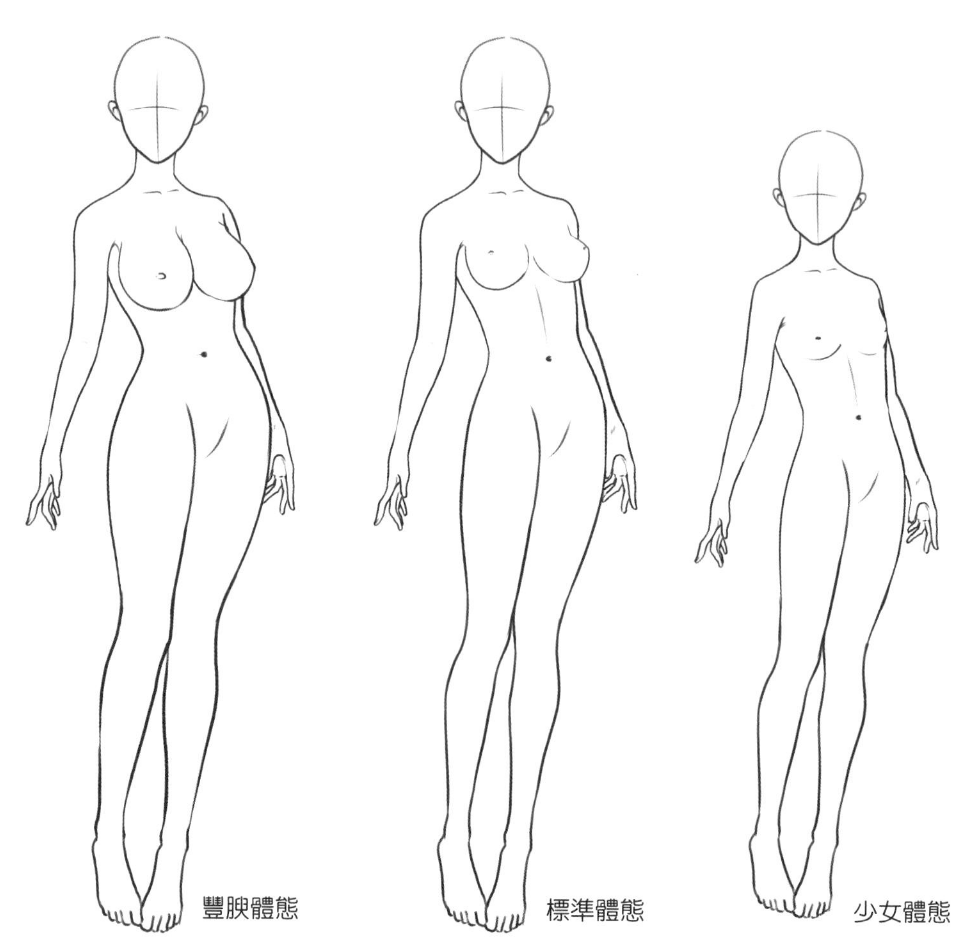

女性身體特徵

主要以纖細柔軟為主，脖子比例較細，從脖子到肩膀的連線是由弧線形成，不像男性一樣有明顯的斜方肌和鎖骨。

肩膀寬度不會大於臀部，屁股到大腿的線條也是弧線形成。

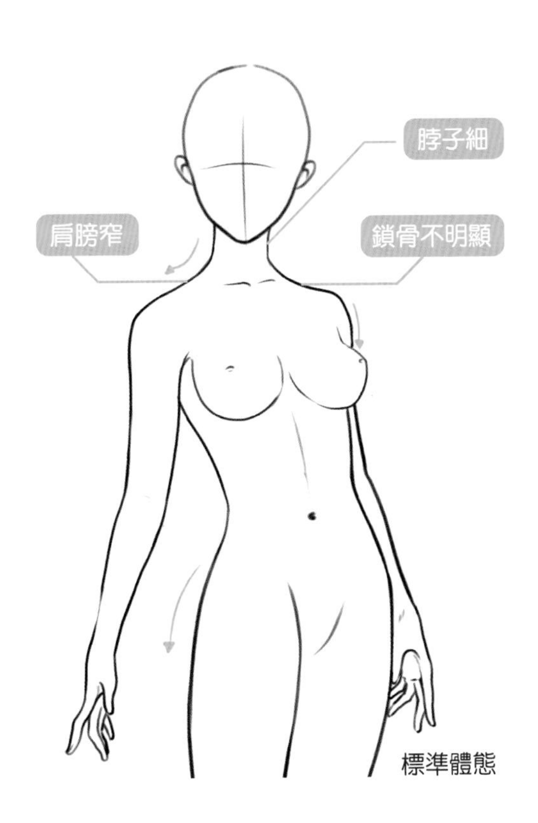

POINT 女性的肌肉曲線

女性的身體柔軟，肌肉也沒有男性發達，所以肌肉的線條盡量少表現，只是某些身體部位還是需要注意，像是手臂和大腿的肌肉雖然沒有男性明顯，但還是要畫出肌肉些微起伏的輪廓。

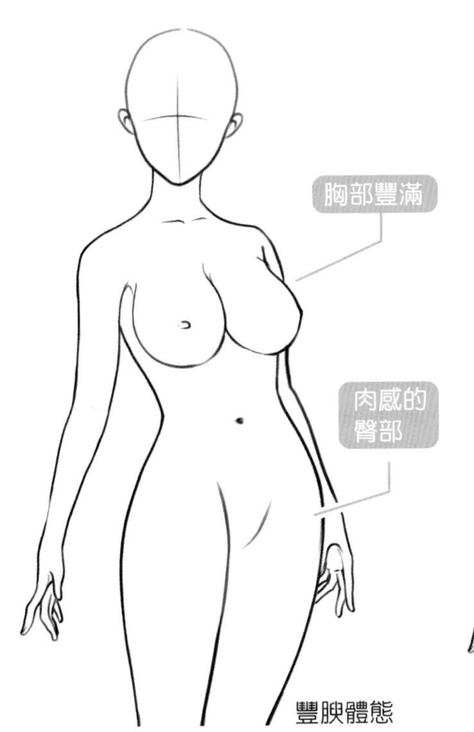

豐腴體態的肩膀寬度和腰粗細度維持不變，主要是胸部和腿臀的變化。

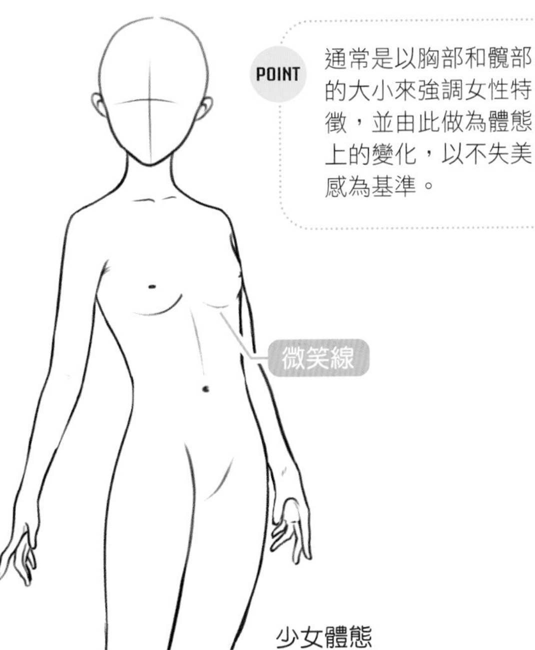

少女體態則肩寬窄，身形嬌小，較小的胸部可以用微笑曲線來表示下胸的輪廓。

胸部的畫法

胸部是女性很明顯的特徵之一。若要塑造出美麗又性感的女體，一定得先對胸部有著初步的了解。很多初學者容易將胸部畫成兩顆僵硬的球體，除了看起來硬梆梆以外，還顯得格外的突兀。那麼要如何畫出自然的胸部呢？

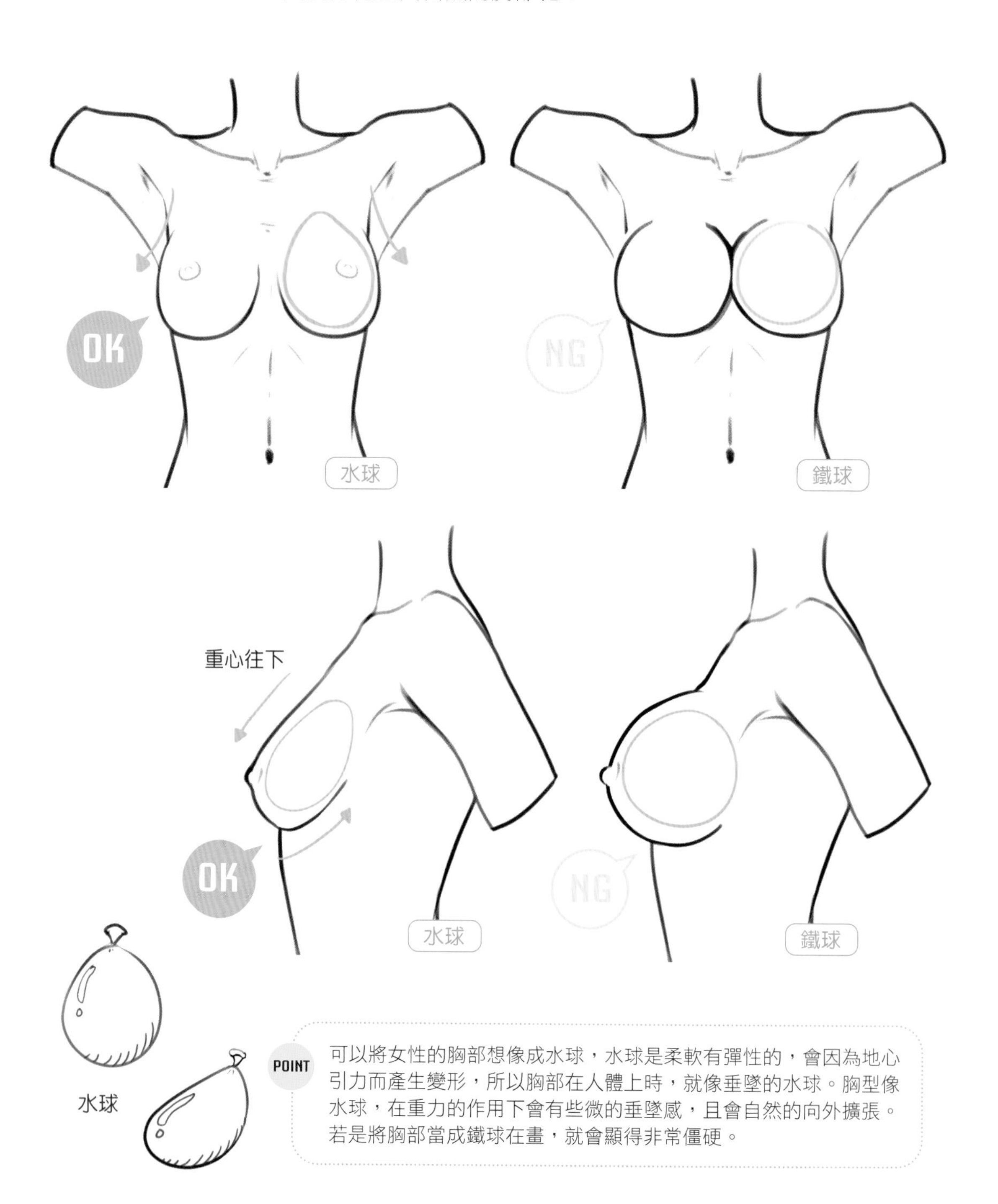

POINT 可以將女性的胸部想像成水球，水球是柔軟有彈性的，會因為地心引力而產生變形，所以胸部在人體上時，就像垂墜的水球。胸型像水球，在重力的作用下會有些微的垂墜感，且會自然的向外擴張。若是將胸部當成鐵球在畫，就會顯得非常僵硬。

胸部的根部是從腋下開始，可以想像原本只是平坦的胸腔，在胸腔上添加胸部的線條而已。不要因為胸部而畫出不正確的胸腔位置。

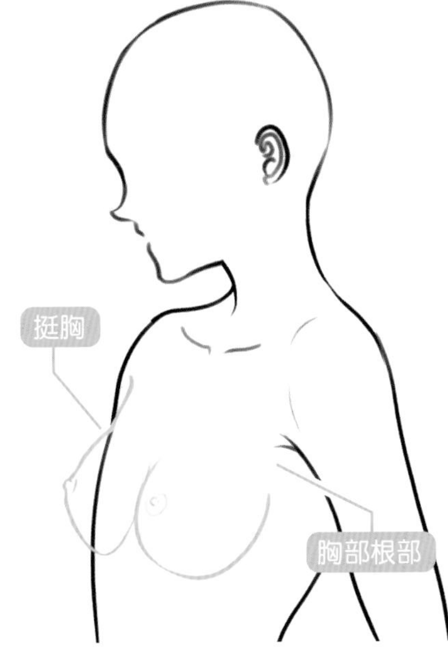

要畫出好看的姿態，胸腔一定要挺出來，否則駝背會不好看喔。

POINT **不同胸部大小的呈現**

胸部的大小會影響胸型輪廓，愈是豐滿的胸部就愈容易受重力影響而較為下垂，下胸線也會偏下。

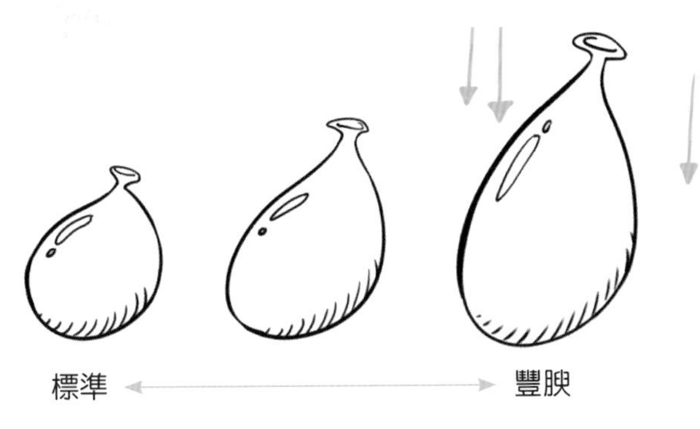

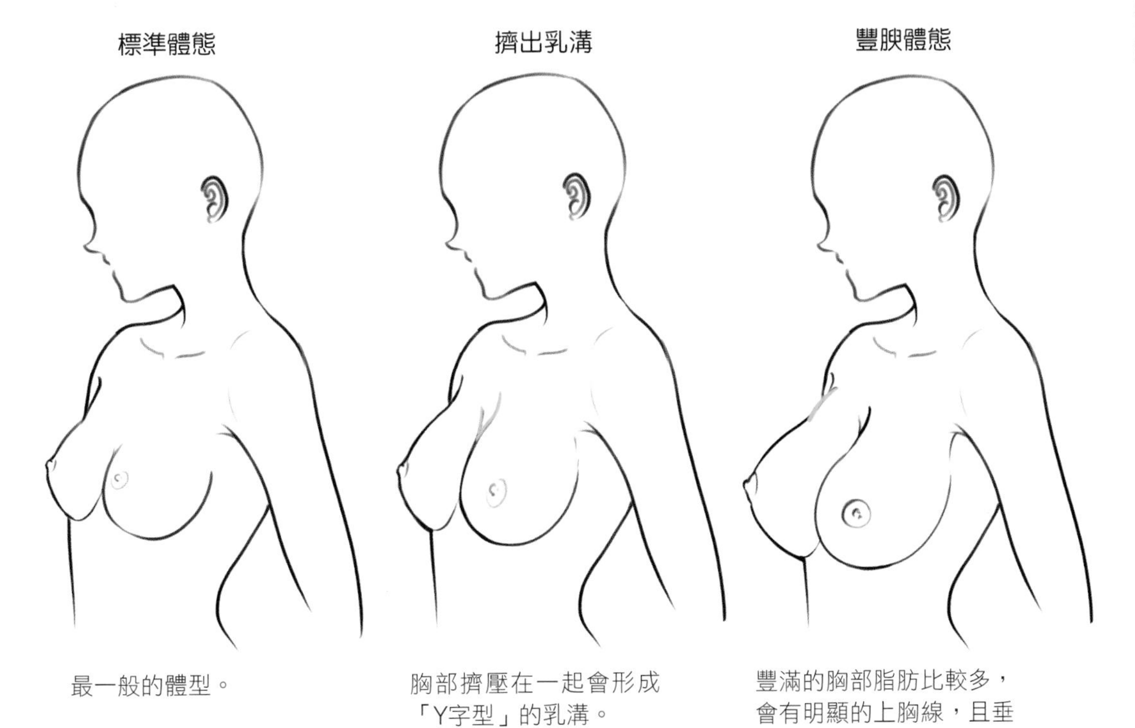

最一般的體型。

胸部擠壓在一起會形成「Y字型」的乳溝。

豐滿的胸部脂肪比較多，會有明顯的上胸線，且垂墜感增加。

女性手部特徵

畫女性手部時，也同樣可以用簡單的幾何形建造手部的結構，再進行分解（➡P.66）。

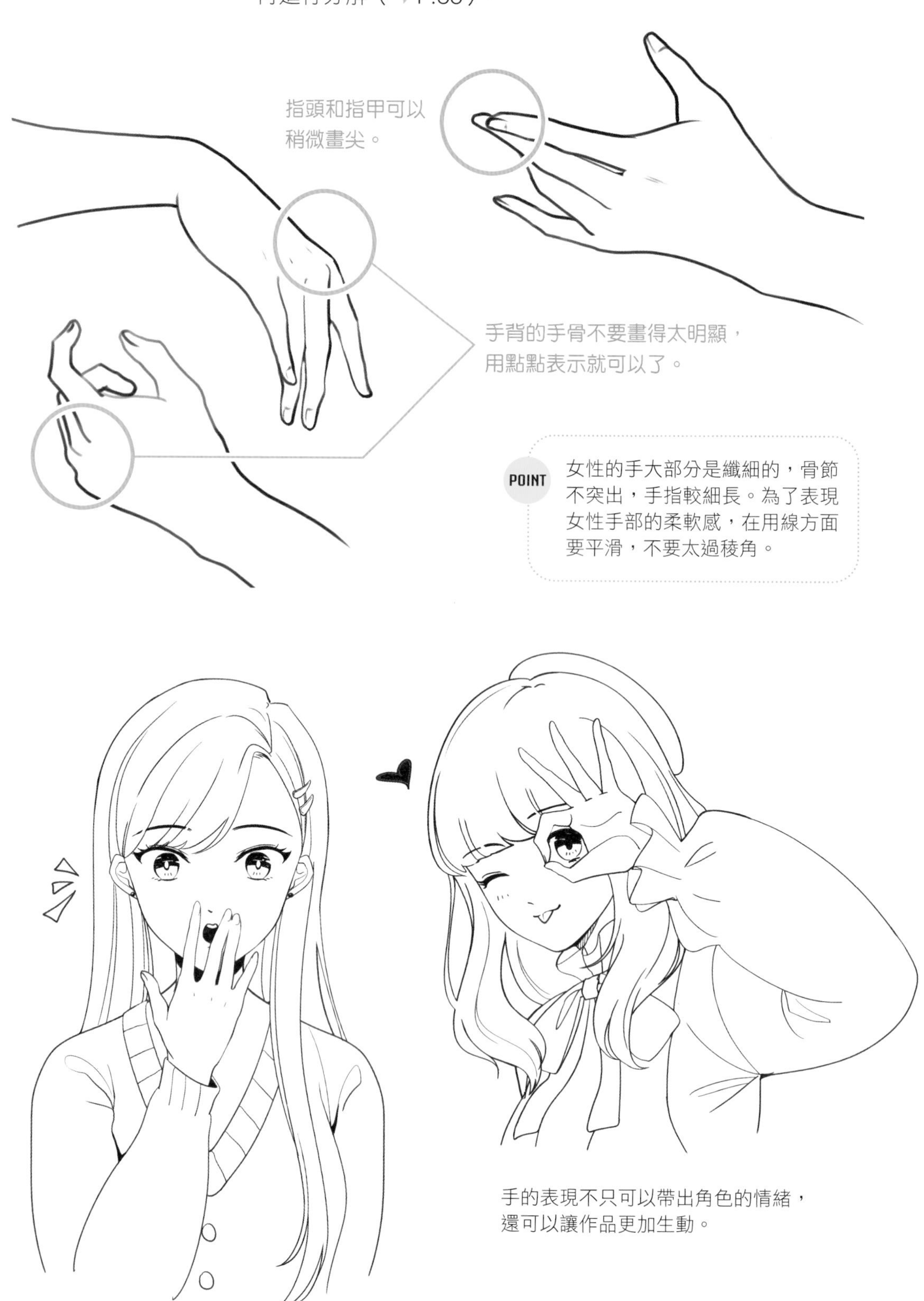

POINT 女性的手大部分是纖細的，骨節不突出，手指較細長。為了表現女性手部的柔軟感，在用線方面要平滑，不要太過稜角。

手的表現不只可以帶出角色的情緒，還可以讓作品更加生動。

CHAT BOX

是很漂亮的手呢，跟女孩子一樣秀氣。

男性骨架圖例

P.74～77的各種骨架和體型，是為了能讓大家有更多的練習範例。請運用這個章節所學習到的技巧，嘗試自己畫畫看完整的男性骨架！

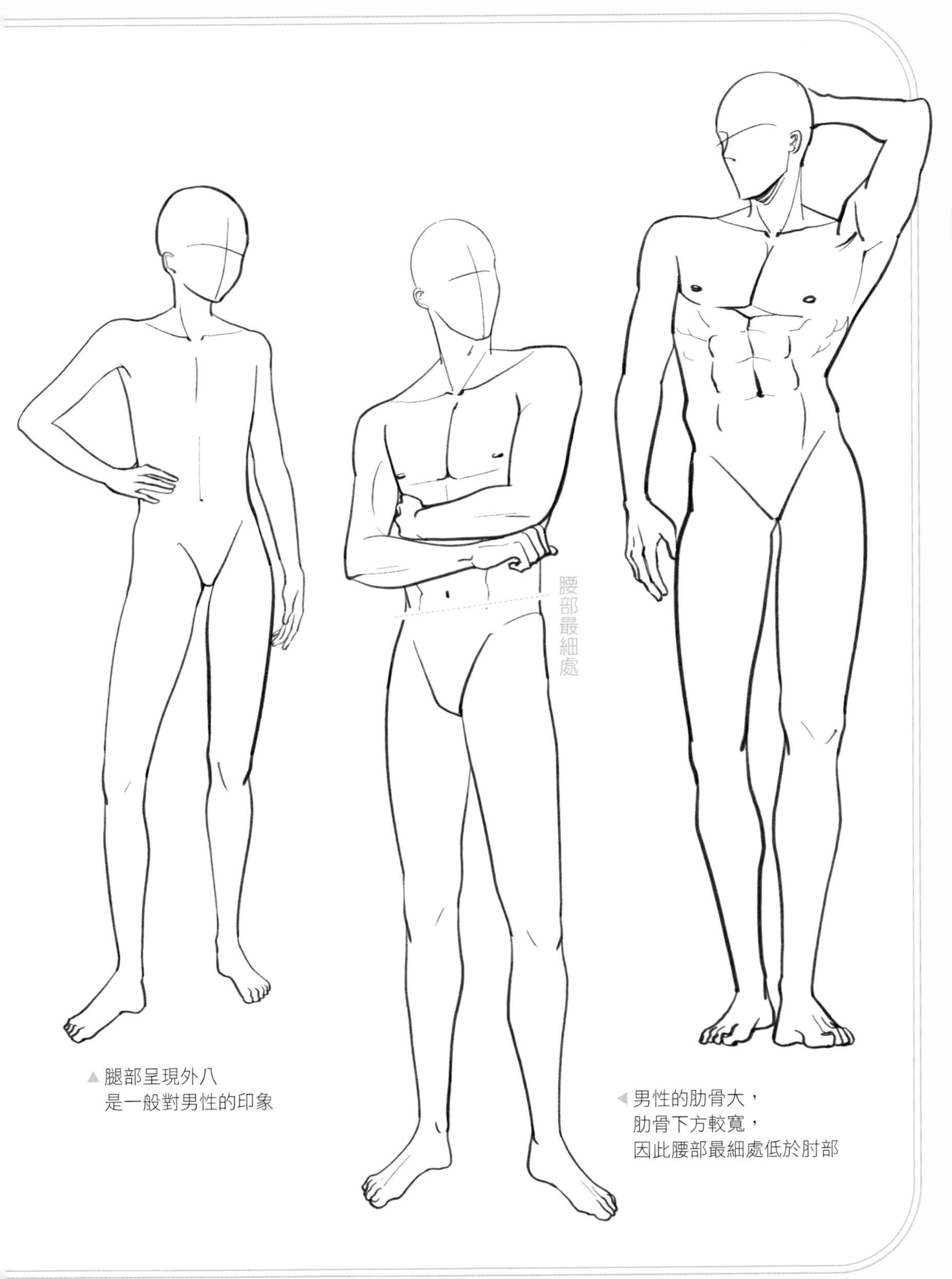

▲腿部呈現外八
是一般對男性的印象

◀男性的肋骨大，
肋骨下方較寬，
因此腰部最細處低於肘部

男性骨架圖例（續）

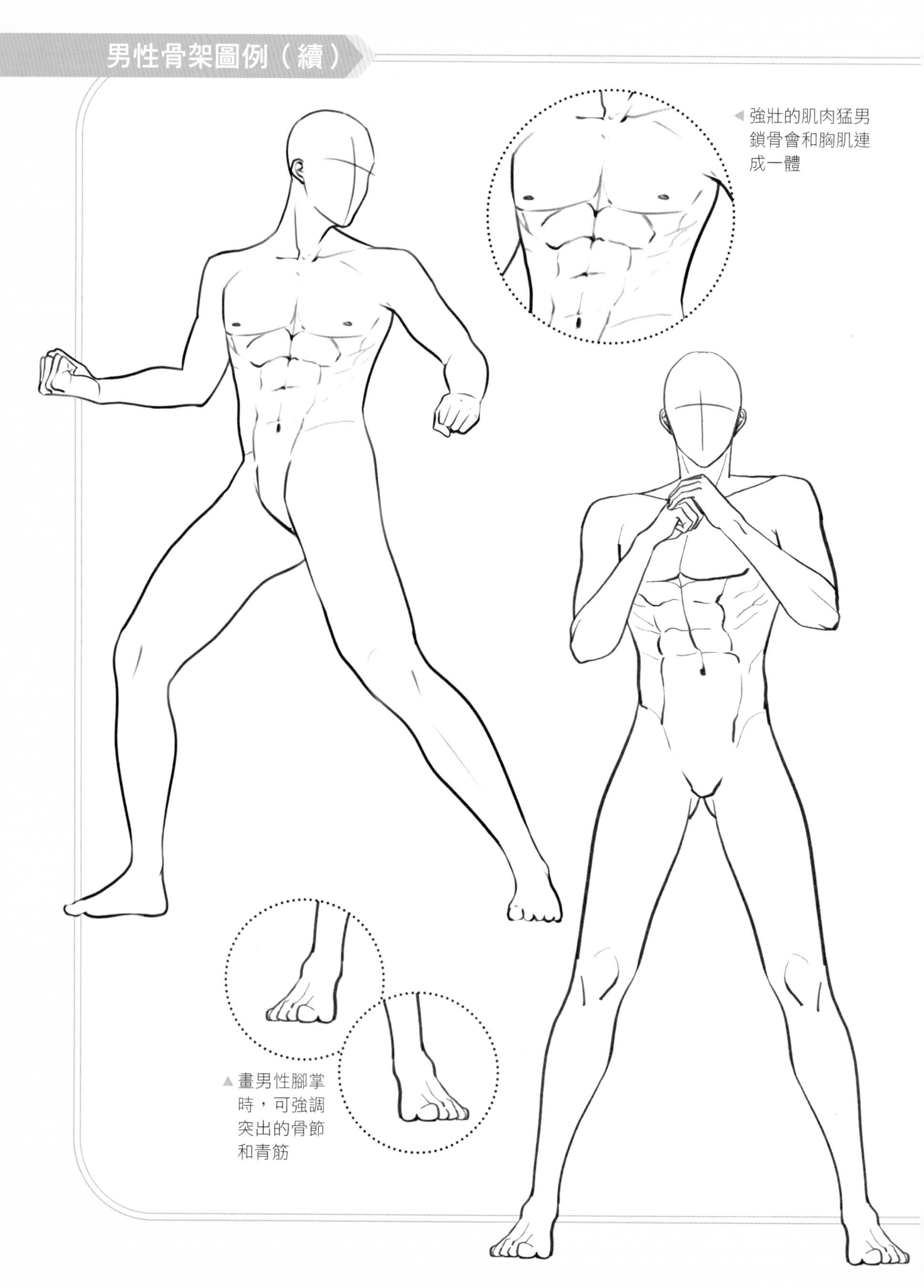

◀ 強壯的肌肉猛男鎖骨會和胸肌連成一體

▲ 畫男性腳掌時，可強調突出的骨節和青筋

◀精壯男性的腹
部肌肉線條可
以淡一些
▲注意肌肉的透視

女性骨架圖例

學習了那麼多女性身體的繪製技巧，剩下的就是要不斷的練習。P.78～81提供的各種女性骨架和體型都可以讓大家練習使用。

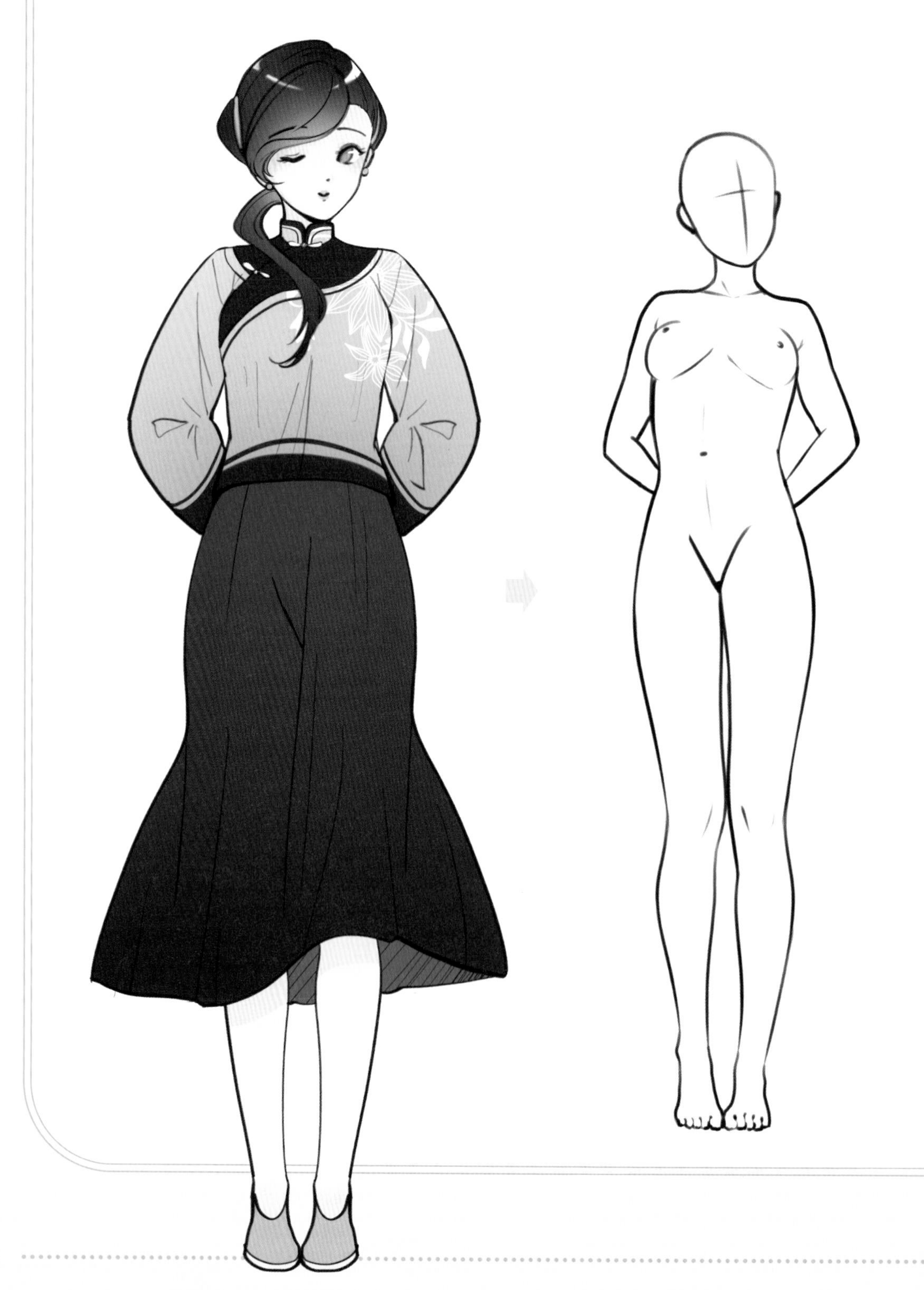

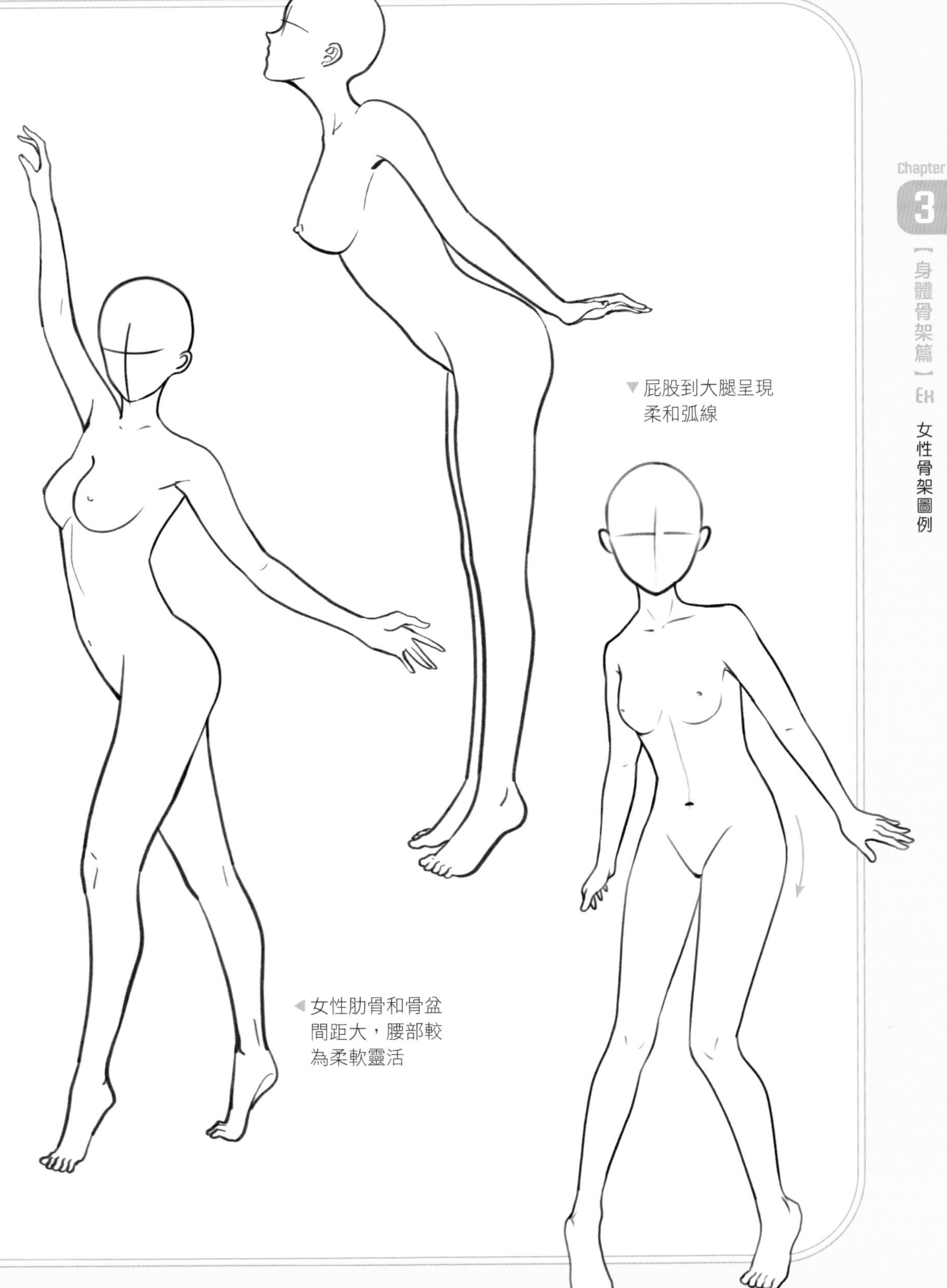
▼屁股到大腿呈現
柔和弧線
◀女性肋骨和骨盆
間距大，腰部較
為柔軟靈活

女性骨架圖例（續）

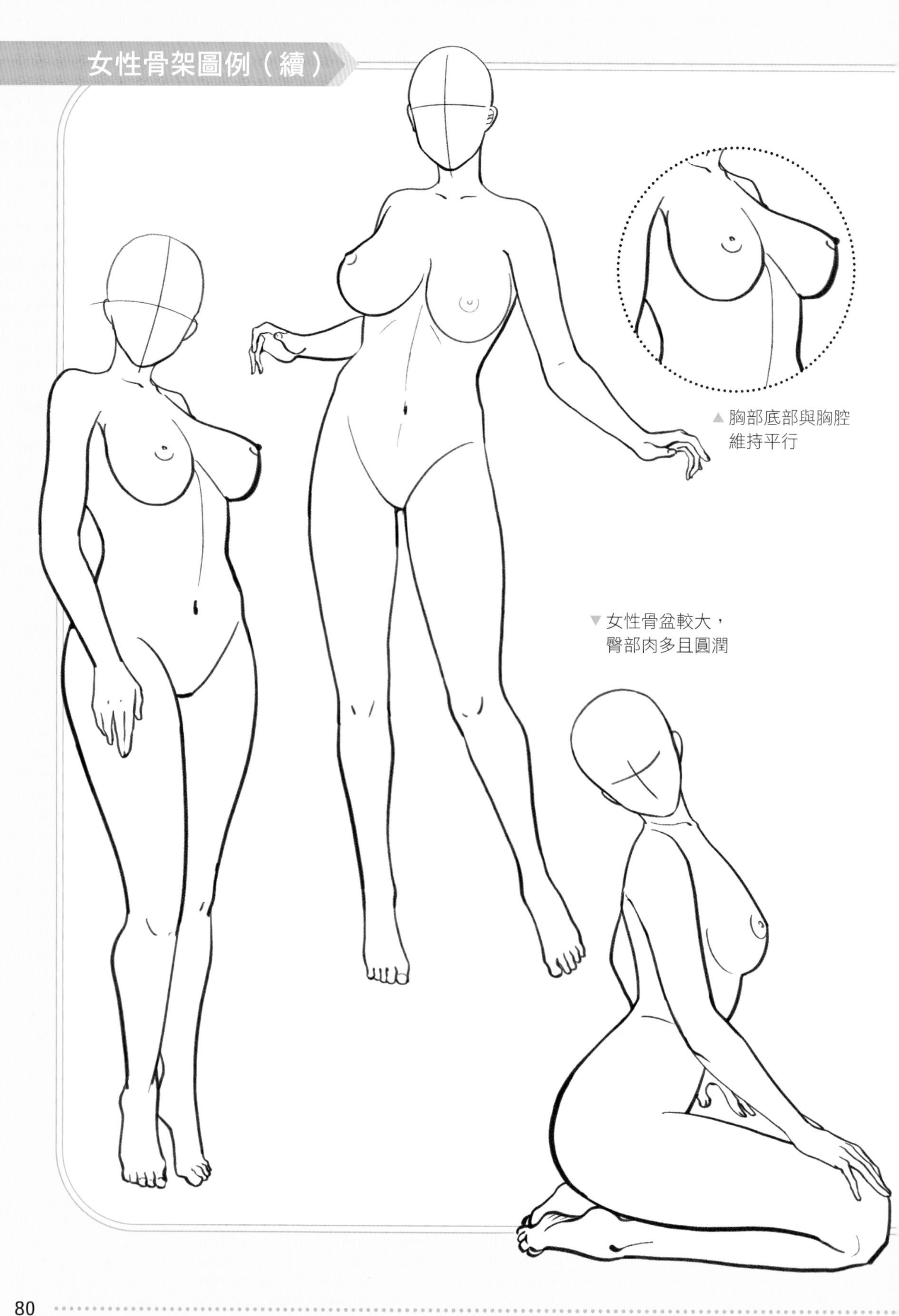

Chapter 4

線條篇

畫出流暢的線條，
讓角色大加分！

4-1

衣服皺褶、質感的呈現

➠不是熟悉人體骨架之後就能畫出完美的人物身軀，因為身軀之外還有衣物的存在。有時候不是人體骨架畫不好，而是對穿上衣物的人體不熟悉。

衣服皺褶

若繪圖時沒有畫衣服皺褶的概念，就算骨架肌肉畫得再好，穿上衣服後身體還是會顯得僵硬，更嚴重的甚至像骨折！要知道皺褶如何產生，就先從皺褶的形成開始了解吧！

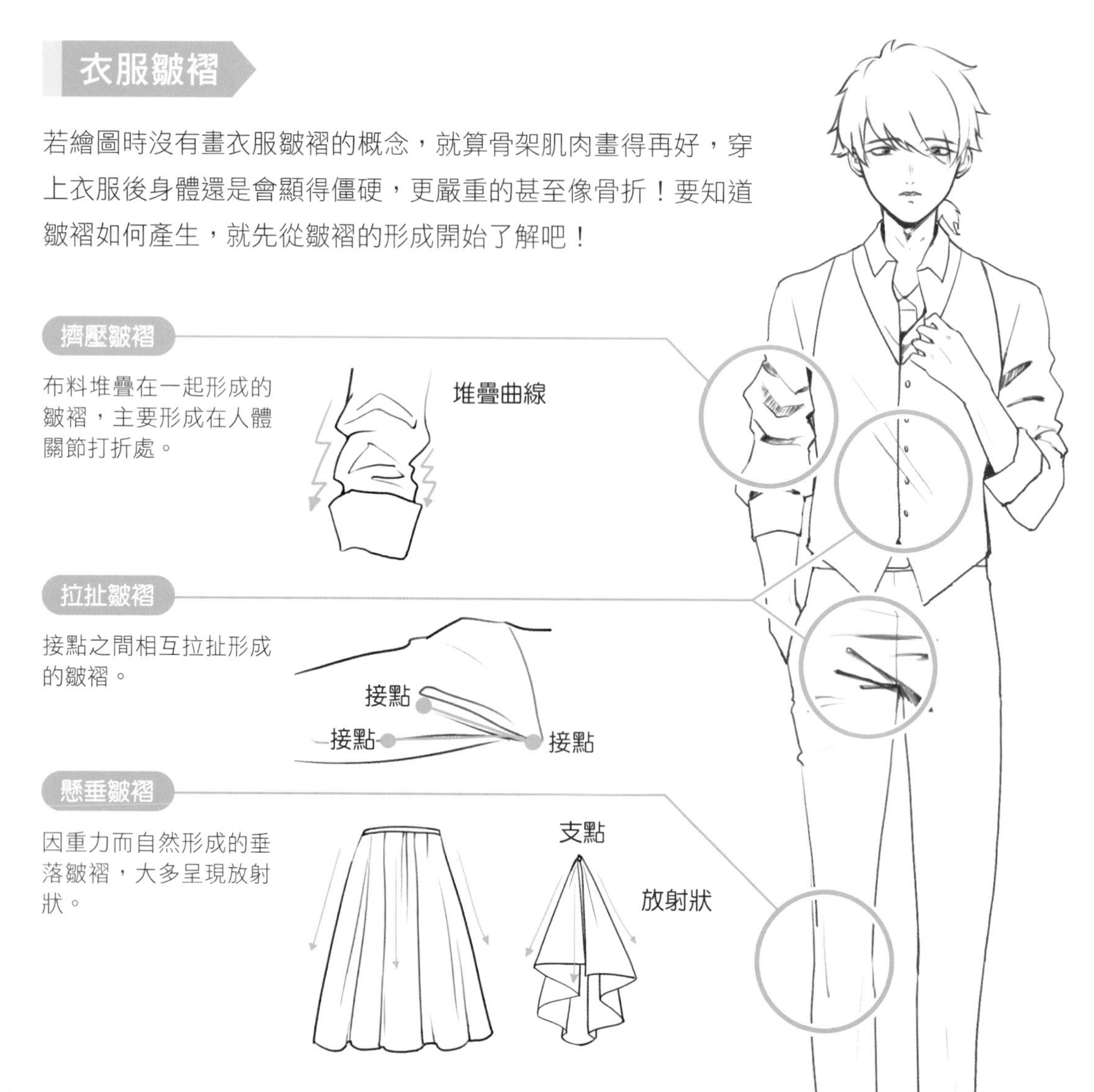

衣物與人體的關係

了解到這三大種類的皺褶之後，接著讓我們更深入學習衣服皺褶與人體的關係。

還記得上一篇的人體透視嗎？在畫皺褶的時候也要加入相同概念喔！

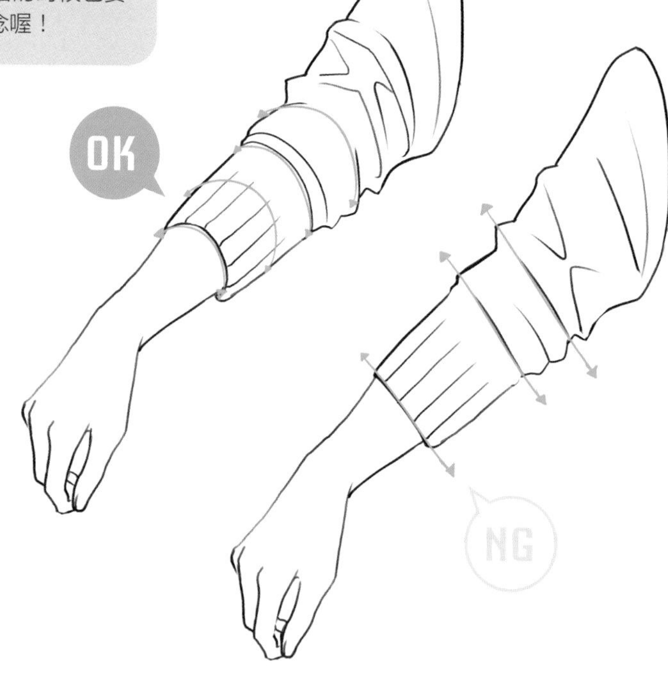

POINT 加入透視的皺褶

透過衣物皺褶的線條，呈現出透視線，進而塑造出人體的立體感。

常見的皺褶形狀

隨著布料的不同也會產生不同的皺褶，身邊常見的皺褶有哪些呢？

半鎖定試皺褶

產生於布料被彎折或者擠壓成一團的情況。當彎曲手肘時最容易產生這類的皺褶。

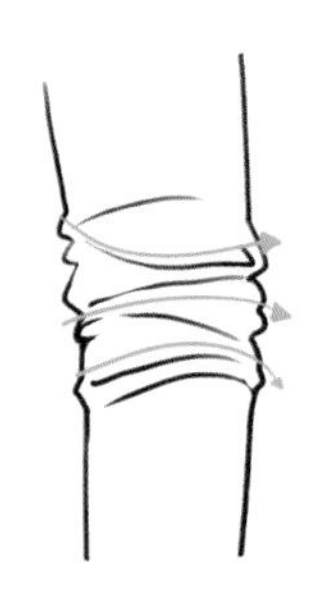

螺旋型皺褶

產生於布料互相擠壓在圓柱體上所形成的皺褶線條。就像是水管纏繞在圓柱體的樣子，容易出現在較貼身的衣料上，例如長襪、緊身長袖。

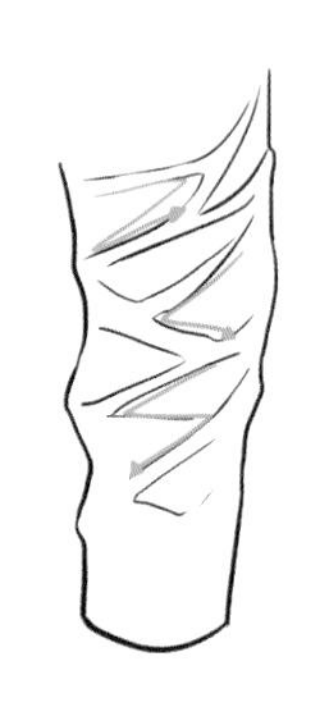

Z字型皺褶

常見於較寬鬆的布料受到壓縮力，而產生像Z字一樣的三角形皺褶。

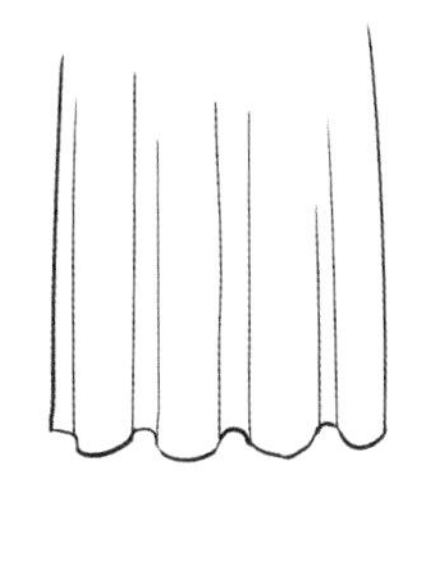

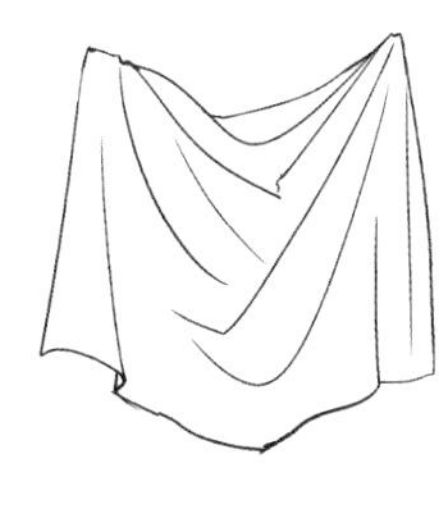

垂落型皺褶

主要是布料受到重力而自然向下垂落所產生的皺褶，布料下襬呈現S型。

管狀型皺褶

褶痕軌跡幾乎都是垂直向下，呈現圓筒的形狀，常見於窗簾或洋裝。

兜布型皺褶

當布料兩端各有拉伸力時，中間的部分會垂下來，形成垂落的褶痕。

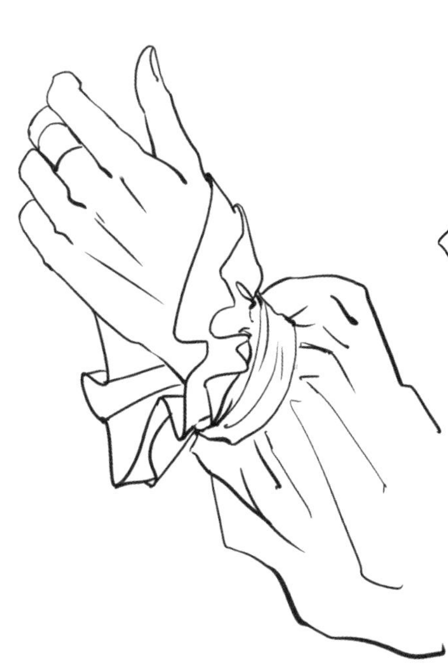

POINT 褶痕的呈現

並不用太執著於衣褶一定要「這麼畫」才是正確的，照片上的皺褶也不一定要完全畫出來，因為有時候適時簡化才能凸顯畫面的美感，太多褶痕有可能會搶走畫面的焦點。

服裝和人物是密不可分的，仔細觀察衣褶與人體的關係便能發現規律，可以多參考照片或實際去觀察，而不是單純靠想像。多找資料練習就能挑戰更高難度的服裝。

4-2

提升線條能力

➠完成草稿後的下一步是什麼呢？沒錯就是描線稿！線稿對於日系薄塗風格可是很重要的，接著就要說明描線稿的步驟和注意事項。

筆刷選擇

日系畫風主要是以線條勾勒輪廓的方式呈現，故線稿會影響整張作品的精緻度。線稿一般都是簡潔的單線，畫面乾淨清爽，很適合拿來上色。但要畫出流暢的線條可沒有這麼容易喔！

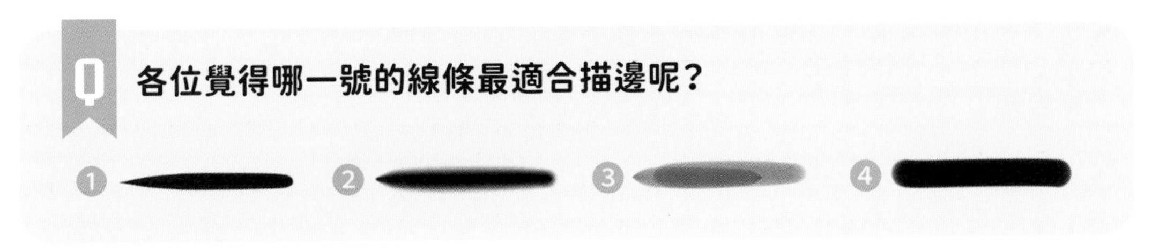

先說明這四種線條間的差異吧！

❶號線條：邊緣銳利的「較硬筆頭」，「筆刷濃度」高，故看不見線條重疊痕跡。

❷號線條：「筆頭」軟，邊緣太過模糊不適合做為人物的邊線。

❸號線條：「筆刷濃度」低，透明度太高，線條相疊容易看到明顯痕跡。

❹號線條：沒有將「最小直徑」調低，所以沒有筆壓，線條太過死板。

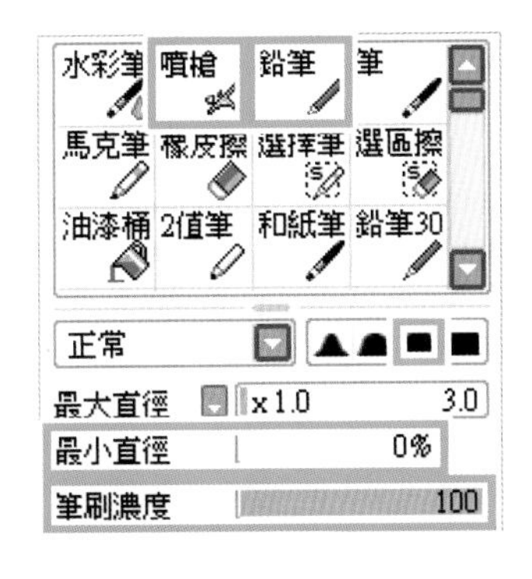

所以最適合的線條是：

☑ **筆刷選擇【噴槍】／【鉛筆】**

☑ **較硬筆頭**

☑ **最小直徑為0%**

☑ **筆刷濃度100**

具備這些條件的❶號啦！

POINT 筆頭的選擇

通常描線稿都是用硬筆描，可以用【鉛筆】或者是【噴槍】，只要筆頭是硬的就很適合描邊。

圖層設定

1 在正式描線條以前，要先在草稿圖層的上面再新增一個線稿圖層，線稿完成時才好直接清理掉草稿。

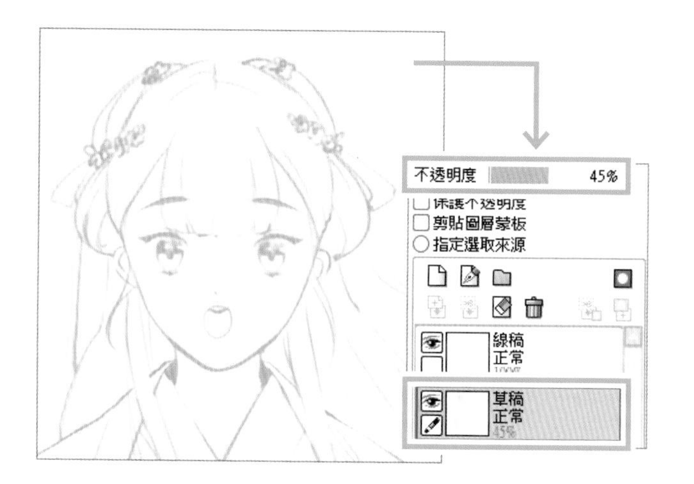

POINT 底下的草稿顏色盡量淡，方便描線，可以選擇用土黃色作為草稿顏色，或者調整圖層透明度。

2 正式描線時，在線稿圖層繪製，線條以深色為主。不用擔心，這裡的線條隨時可以改顏色，所以一開始先以好描的顏色為主。

POINT 線稿的初學者要點

在繪製線稿的時候要一筆成型。
有些初學者在繪製草稿時，線條都是斷斷續續的，這樣會造成線條僵硬和畫面雜亂。

善用圖層分類，更便於修改

在描線期間，可以將不同部位分開圖層描，這樣更方便修改。
例如，眼睛的位置容易跟瀏海交疊，所以將頭髮和五官的圖層分開，這樣在修改眼睛時，就不會同時擦到瀏海。

CHAT BOX

描線的前置作業準備好了，
可以開始大膽描線囉！

什麼？艾席爾你覺得自己線條描得不好看？
真是沒辦法……讓我來傳授你幾個技巧吧！

喂、我都還沒開始啊……！

軟體輔助功能

即便是初學者，只要巧妙利用電繪軟體的輔助功能，也能讓自己畫出的線條看起來更順，線稿更加精緻的撇步。

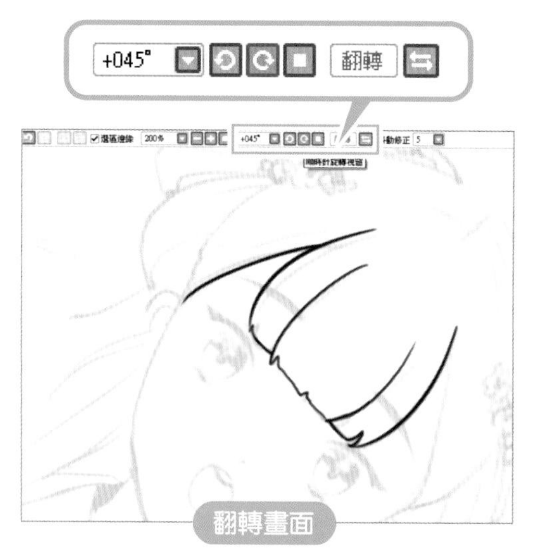

翻轉畫面

每個人都有習慣畫線的方向，如果是左撇子習慣在左側畫線，這時候就可以轉動畫面的方向。再來就是畫對稱圖的小幫手【水平翻轉】。沒畫好的地方，只要按 CTRL+Z 就可以重新來過。

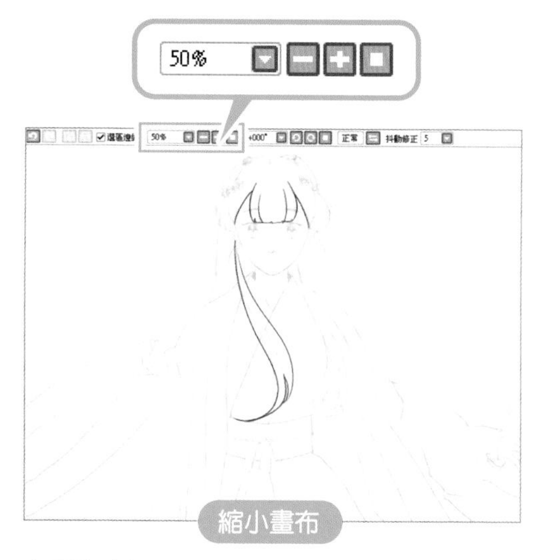

縮小畫布

畫圖的時候不是放愈大愈好，尤其在畫長線時可以縮小畫布。
一條長線畫不好，把畫布縮小，就成了一根短線了。縮小畫布也更有利於我們觀察整體，而不是糾結於那些放大才看得見的小曲線。

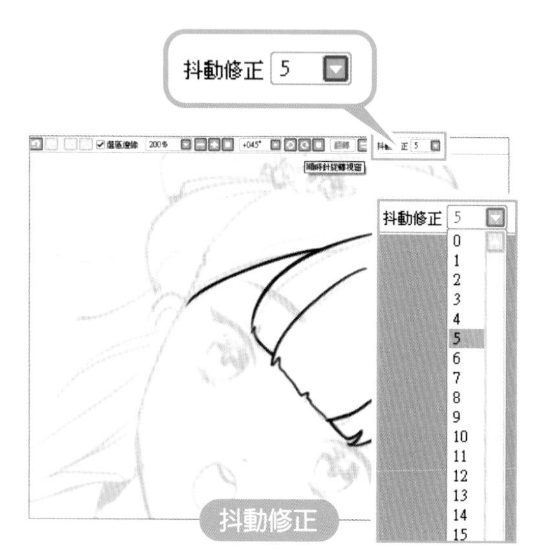

抖動修正

這是SAI和PS都有的功能。
如果數值設定愈高，畫起來就會愈穩定；但是抖動修正愈大，線條變化就愈小，而且畫起來還會有點延遲。建議數值設定在3～8的範圍。

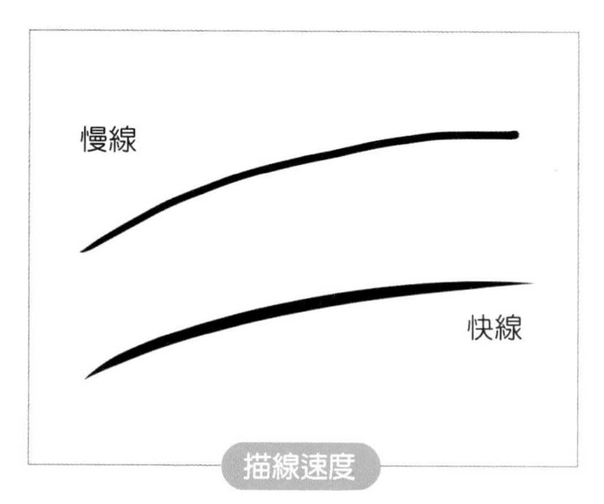

描線速度

畫線的快慢會影響線條的流暢度。一般來說畫線的速度愈快，線條會愈平滑。但並不是所有的線條都適合用快線繪製，像是衣物這類需要柔軟線條呈現的就很適合用慢線畫。

4-3

讓線稿更精緻的訣竅

➡ 線稿看似只是簡潔的單線，但要畫出流暢的線條可不容易。熟習線條的繪製對於初學者會有相當大的助益。以下將介紹繪製技巧及平時的練習法。

線條的繪製技巧

提到繪製線條的技巧時，可以分為長線和短線來解說。

了解繪製線條的小技巧之後，那麼要如何才能讓線稿更加美觀呢？這裡有兩個要點請大家特別留意。

平時的練習方式

想練習繪圖技巧時，可以透過速寫、素描與臨摹等方式進行。

若想扎實提升自己線條能力，「練習線條精準度」是比較硬底子的方式——透過大量的速寫去提升自己的手感和熟練度。例如，素描的排線，都算是比較扎實的基本功練習。

速寫、素描

剛開始練習線稿的時候，要留意線條不能斷斷續續的。正確的練習方法就是盡量用少量的線條來呈現整體的外輪廓，盡量快速的一筆成型。

臨摹

先學會抓輪廓，把人物的形體和動作抓準了再畫細節。

CHAT BOX

上色篇

要如何畫出吸引人的顏色？
髒髒的用色可不行喔！

5-1

如何讓顏色不髒？選色的概念

➟顏色會大幅影響作品整體的印象，若是顏色用得不乾淨，就容易形成髒、混濁的配色，「沒有不好看的顏色，只有放錯位置的顏色」。

色彩科普 開始上色之前，先簡單科普一下色彩的基礎。電繪中的色彩主要要留意三個要素——明度、彩度和色相。

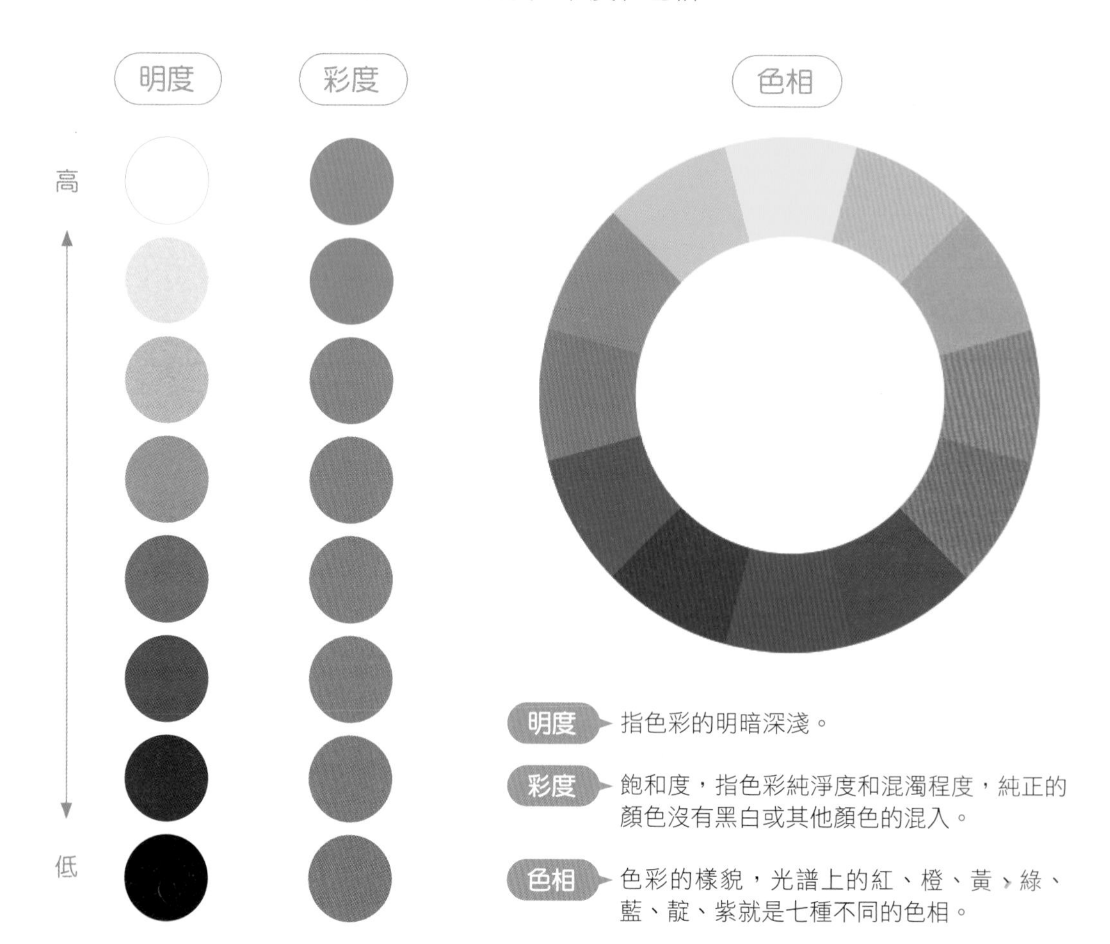

明度 指色彩的明暗深淺。

彩度 飽和度，指色彩純淨度和混濁程度，純正的顏色沒有黑白或其他顏色的混入。

色相 色彩的樣貌，光譜上的紅、橙、黃、綠、藍、靛、紫就是七種不同的色相。

色彩概念

有了基礎知識後，接著要建立正確的用色概念。在日系畫風中，最主要的就是底色和陰影色。若在上色的過程中，覺得整體顏色單調又黯淡時，通常問題就出在陰影的配色。

明度調低

底色為皮膚色，若是直接將【明度】調暗，選色點往下拉，得到的效果就是直接加黑色的樣子。

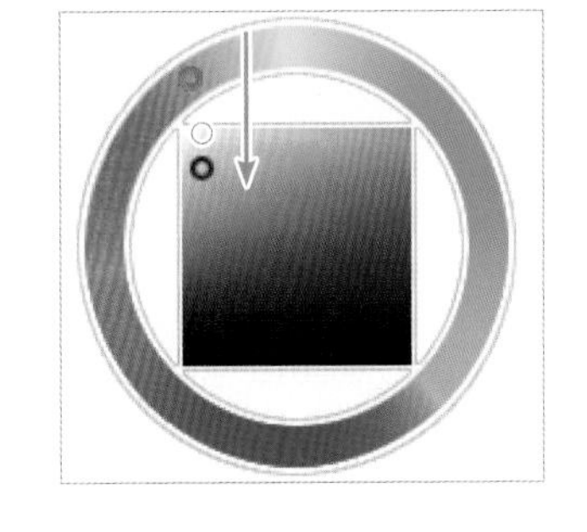

彩度調高

若是將【彩度】提升，提高顏色濃度，選色點往右移，是不是皮膚看起來明亮許多？還沒有結束喔！

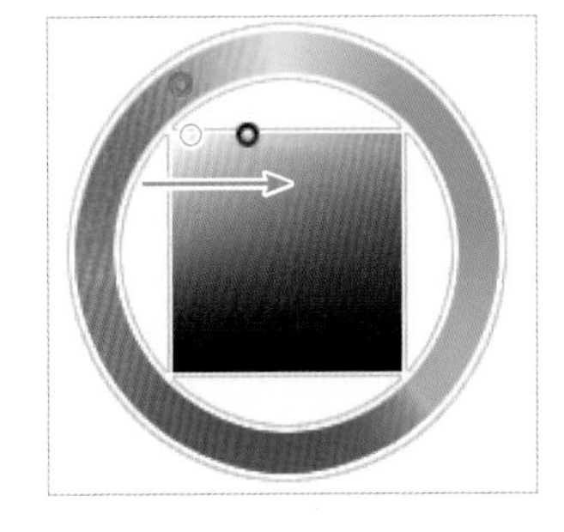

改變色相

接著變更色相環的【色相】，選擇更深一點的偏紅色系，讓整體顏色乾淨又明亮，而且膚色還多了幾分紅潤！

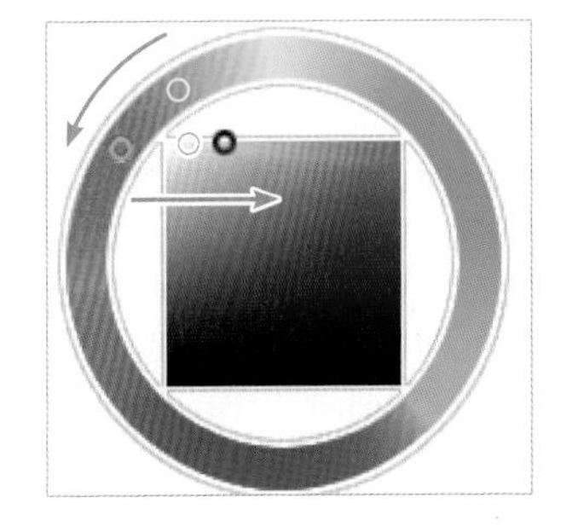

POINT 髒的顏色？

直接在畫面中加入純黑、純白，沒有任何色彩傾向的顏色。就像在畫水彩時，將黑色顏料加進底色作為陰影色，「陰影＝加黑色」這樣畫出來的效果就會顯得髒。

有沒有發現到選陰影色除了變更【明度】外，【彩度】和【色相】都會跟著調整。若要畫出乾淨好看的顏色，一定要注意這三個要素的變化。

三個要素的比例不同，呈現出來的視覺效果也會不同。下面用左方三幅範例圖來詳細解說：

A 明度大幅調低，呈現出成熟又寫實的感覺。此用色風格常見於灰暗、抑鬱的情境插圖或者成人向的作品當中。

B 色相大幅偏移，整體陰影顏色偏紫，呈現出活潑的配色。此用色風格常見於日系插畫、童書插畫和可愛萌系的畫風。

C 彩度比例較高，整體顏色舒適明亮。此用色風格也常見於日系插畫，適合人物設計、海報設計等各類插圖，畫風相當廣泛。

POINT 獨特風格的色票

陰影對整體色調的影響可是很大的！可以試著找出自己最喜歡的風格，做出專屬於你的色票。

5-2

如何創造吸睛角色？
配色的技巧

➠不管是繪師或設計師，了解色彩應用都很重要。色彩能代表各種含意，並帶給觀眾不同的感受。設計人物時，除了造型也要考慮配色，才能更具效果。

常見的配色

如果想要設計出吸睛的角色，顏色的搭配至關重要，以下整理出了六種常見的配色公式，分別是：相似色、類比色、對比色、三分色、補色分割和矩形，讓大家不再為搭配顏色而燒腦。

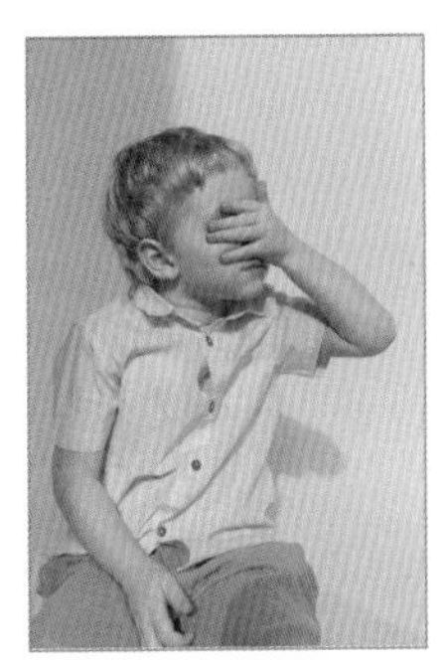

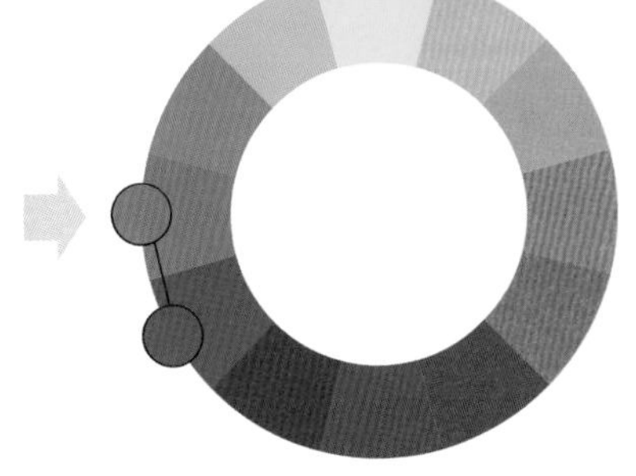

相似色

採用鄰近的顏色，例如黃色與橘色。使用相似色能使畫面非常協調，也很適合與黑、白、灰搭配使用。

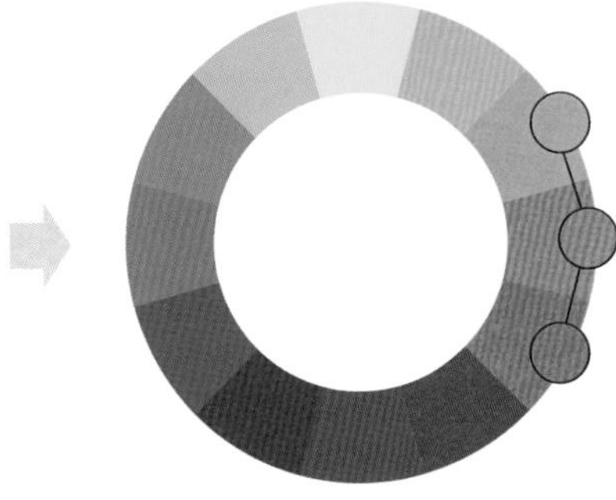

類比色

色相環上相鄰的三色，也就是60度以內的配色，例如黃色、黃綠色與綠色。視覺上會比較有統一性，也比較不容易出錯，是很安全的配色。

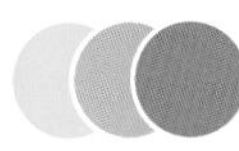

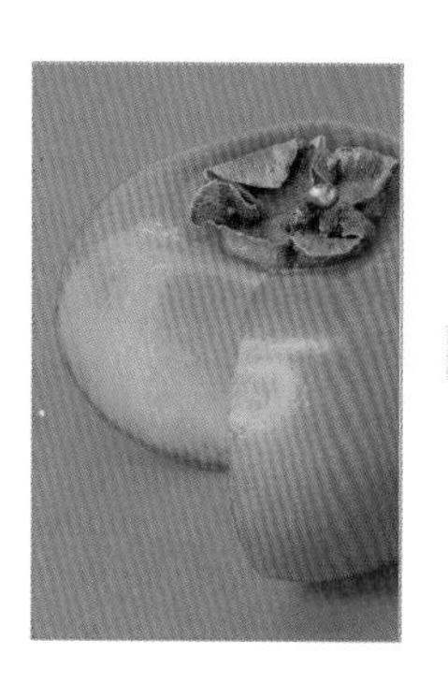

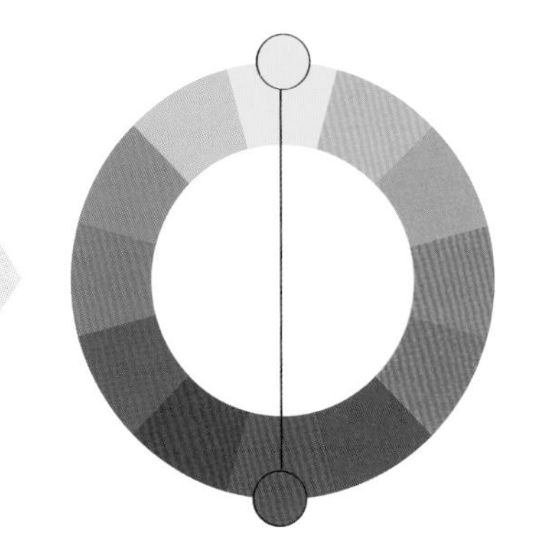

對比色

對比色也稱為互補色，是色相環上180度角的配色，例如藍色與橘色。可以形成強烈的撞色效果，增加視覺強度，吸睛程度也相對較高。

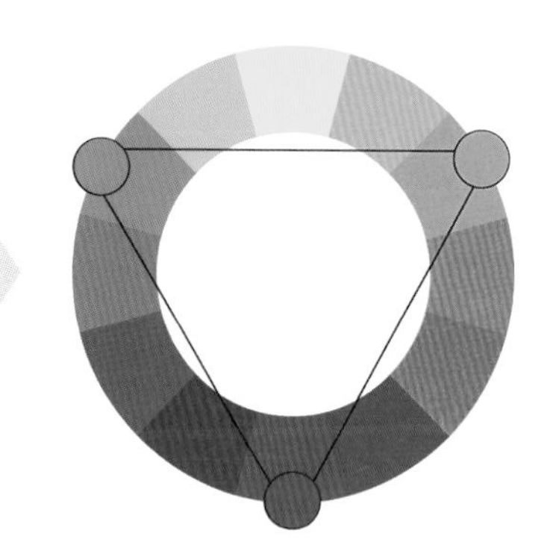

三分色

是色相環上120度角的三色，例如藍色、紅色與黃色。具有豐富的顏色，能夠展現出生動活潑的效果。

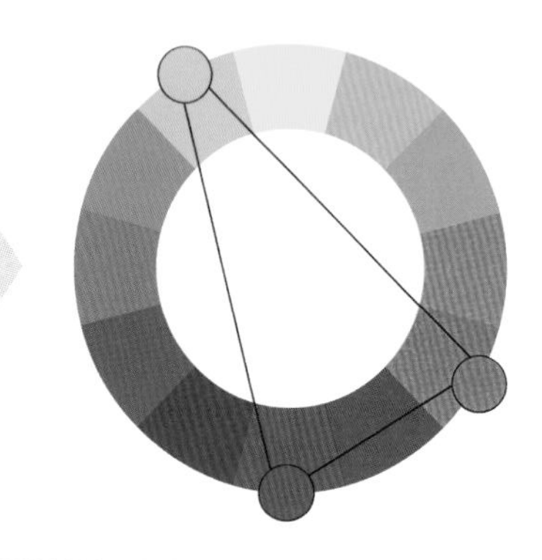

補色分割

在選用對比色時，運用對比色的兩旁相鄰色作為搭配，例如藍色、綠色與橘色。能強調對比，但相較於對比色不那麼強烈。

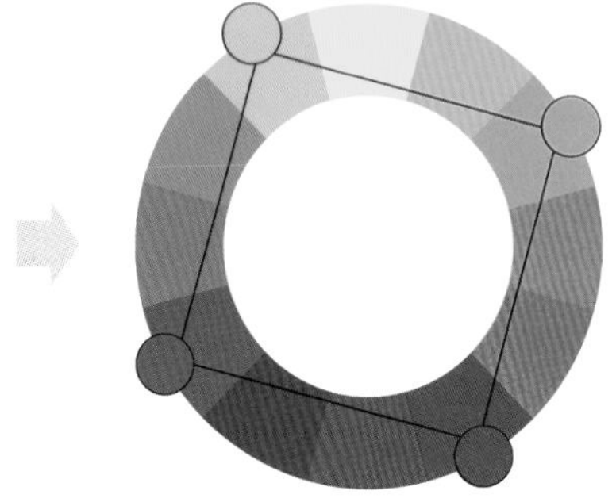

矩形

是由兩種互補色組合而成，由於顏色較多所以建議選其中一色作為主色調，也要注意顏色分配的協調。

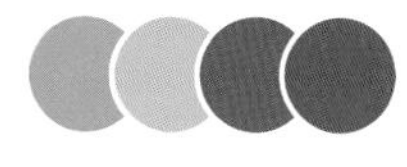 

配色比例

配色有黃金比例，它能運用在絕大部分的繪畫和設計上，無論是整體畫面、人物設定、服裝搭配等都可以使用這個技巧！

主色	輔助色	強調色
70%	20%	10%

主　色：佔據主要面積的顏色。
輔助色：比主面積小的顏色，讓畫面不會太單調。
強調色：點綴用，通常是對比色，讓畫面增添亮點。

先來分析下方的範例圖。這張圖是典型的對比色範例（➡P.102），色相環180度，其實不要認為對比色就是那種顏色強烈到瞎眼的配色，對比色也可以看起來很柔和。

這張圖佔最大比例的主色是藍綠色，輔助色是**深藍色**和**白色**，佔比較小的強調色則是橘色。

而主色、輔助色和強調色這三種區分並不是只使用三種顏色，像上圖的主色有綠色和藍綠色兩種，輔助色也是白色和深藍色兩種。強調色通常與主色有強烈的對比，所佔的比例較少，盡可能安排在面積小的地方，就會有畫龍點睛的效果。

POINT 顏色比例

在抓比例的時候，不用過於糾結精準的比例，重點在於畫面的協調與層次感。

顏色的分布

了解以上這三種顏色和比例之後，接著就要說明顏色的分布。顏色的分布一定要分散開來才能達到畫面的平衡。

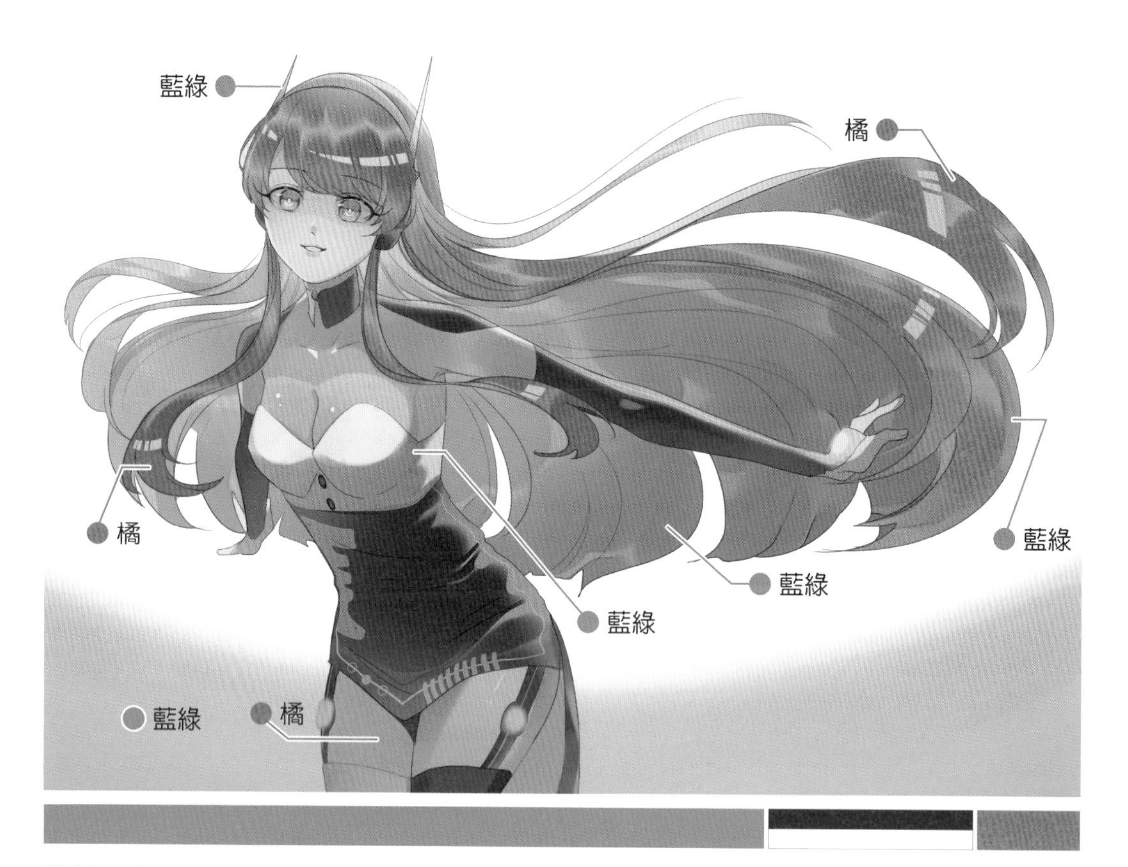

範例圖中的強調色是橘色，橘色並不只侷限於頭髮，連大腿陰影、背景光暈都有小面積的橘色，讓強調色分布於整個畫面，會看起來更舒服。

不只強調色，輔助色、主色也可以讓顏色到處跑，像是主色的藍綠色不只出現在背景和頭髮，還出現在頭髮外層的環境色，這都是為了讓畫面看起來更和諧。後面就會介紹到環境色的概念囉！

接下來就是以我們為範例的顏色運用分析。
咦?!身高等基本資料怎麼沒順便寫呢？

不準寫！

人物配色分析

以本書的角色來練習分析人物的顏色運用。了解配色並且靈活運用，要設計出吸睛的角色再也不是難事。

Character

姓名_ 薇奧拉
種族_ 魔女
年齡_ ？？？

補色分割

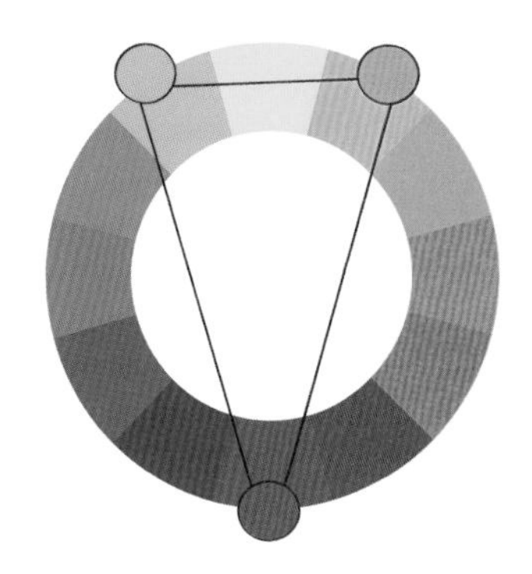

色彩分析

主色 輔助色 強調色

Character
姓名_ 艾席爾
種族_ 惡魔
年齡_ ？？？
補色分割
色彩分析
主色
輔助色
強調色

5-3

如何畫出立體感？光影的概念

➠ 在繪畫中，除了配色，光影的表現也相當重要，是上色時不可忽略的部分。光影能夠給予物體空間感和立體感，是創造畫面效果的一個重要元素。

物體形狀與光影變化

還記得繪畫的基本功——素描嗎？素描就是運用光影來描繪出物體的立體感，而不同的角度和結構變化都會有不同的明暗效果。光影的變化分別為三大面和五大調子。

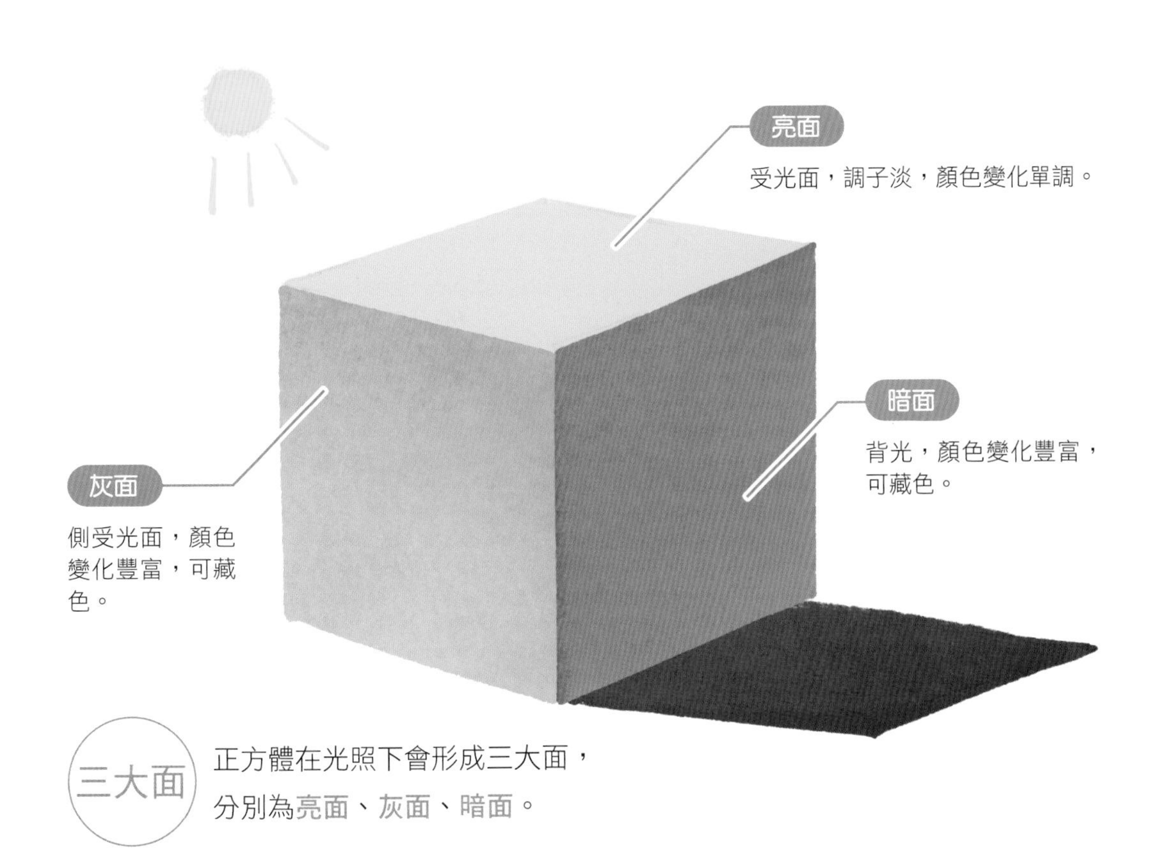

三大面

正方體在光照下會形成三大面，分別為亮面、灰面、暗面。

相對於正方體，球體的弧面會出現不同的黑白層次，如下圖。

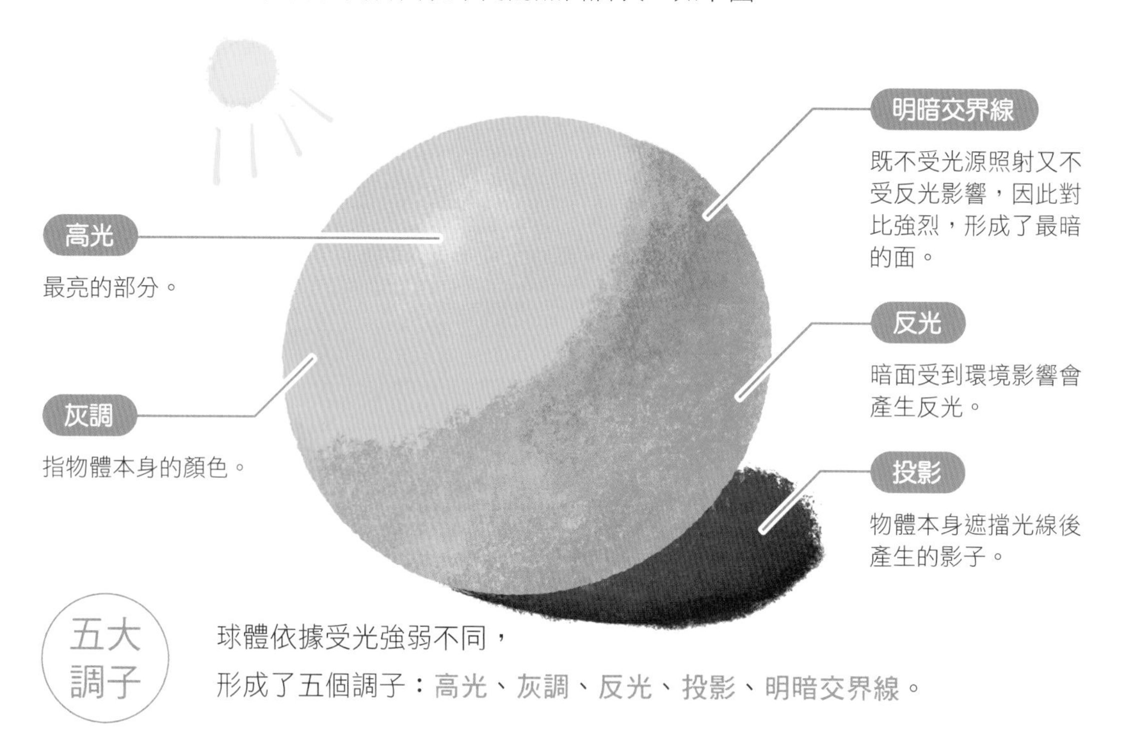

五大調子

球體依據受光強弱不同，
形成了五個調子：高光、灰調、反光、投影、明暗交界線。

光源與顏色呈現

了解光影之後，就能更進一步了解光影的色彩特性。色彩特性可以分成三類，分別是固有色、環境色、光源色，這三類元素是會互相影響的。

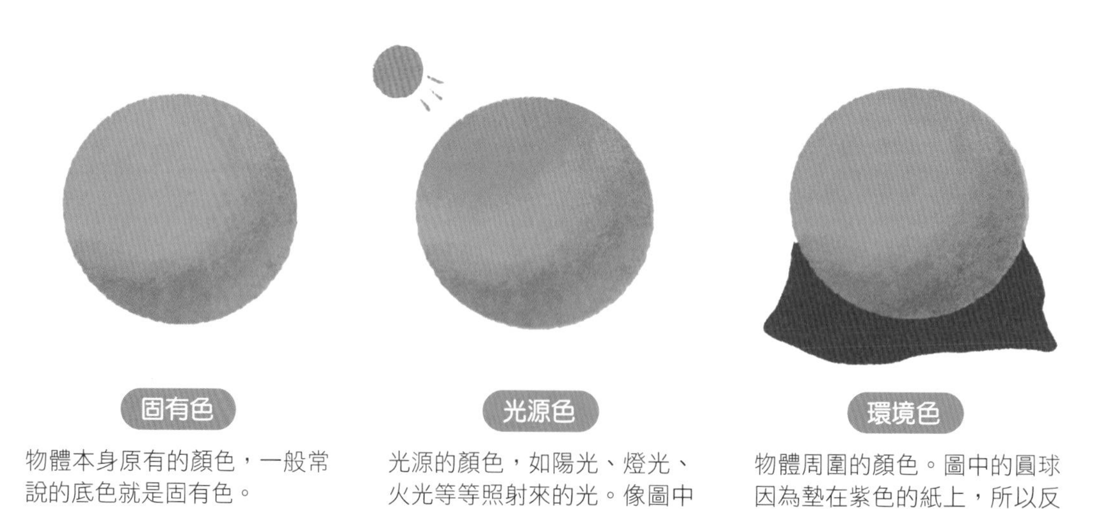

固有色

物體本身原有的顏色，一般常說的底色就是固有色。

光源色

光源的顏色，如陽光、燈光、火光等等照射來的光。像圖中圓球上的橘燈，有了光源色，受光面就會帶點橘色。

環境色

物體周圍的顏色。圖中的圓球因為墊在紫色的紙上，所以反光處呈現微微紫色。

以光源方向塑造氛圍

知道形狀會如何影響光影，且也能掌握光源對於顏色的影響之後，可別忘了光源不只有頭頂的太陽光。事先為作品設定光源的方向也相當重要，這部分也會影響到作品的整體氛圍。

自然光

也稱順光，人物主體充分受光，色彩也較為飽滿，適合做為人物立繪等用途。

POINT 在人物插畫當中，自然光是最為常見的。我們也可以試著加入不同的光源，讓作品增添意境和故事感。

頂光

來自頂部的光線，渲染性佳，人物聚焦效果佳。

側光

來自左側或右側的光線，可使人物的五官輪廓更突出。

光源
來自背面

背光

來自背面的光線，也稱逆光，可營造出強烈的氛圍和意境。

用實際物體的照片就更容易理解了。蘋果頂端映出了天空的光源色，右側是周圍葉子反射至蘋果的環境色，左下角是反光地面的環境色。

光是一顆寫實的蘋果就可以有這麼多的色彩變化。不管是插畫作品、攝影作品還是現實世界，我們眼睛所看到的任何物體都不會只有固有色，多多少少都會受光源色和環境色的影響，理解物體色彩的相互關係，才能畫出和諧的作品。

POINT 關於藏色

藏色其實就是環境色。通常都是在暗面或灰面才會加入藏色，若是藏色到處使用會導致畫面變髒、凌亂。

有些繪師會在瀏海的位置噴一些皮膚色，那就是環境色。環境色可以讓人物和周圍環境融合，加強顏色之間的連結，進而表現出統一和舒服的色調。

5-4

上色的前置作業

➡ 上色的前置作業可以分為選擇筆刷與顏色草稿兩大部分。筆刷會影響呈現出的效果，顏色草稿則是能夠觀察整體配色是否適當。

筆刷的選用

關於筆刷的選用，沒有一定要用哪種筆刷才正確，不同筆刷會呈現不同的效果，每個人可以依據自己喜好的風格而去選擇不同的筆刷，反倒是筆頭的選擇更為重要。

POINT 硬頭與軟頭

在日系風格的電繪圖中，最常使用的兩種筆頭，分別是硬筆頭和軟筆頭。

硬筆頭 邊緣利，適合繪製比較強烈或小塊的陰影。

軟筆頭 邊緣模糊，適合做大面積的陰影。

次頁圖是實際的運用範例。主要的筆刷是【噴槍】，偶爾用【水彩筆】塗抹，筆刷的數值為初始設定，沒有特別調整。

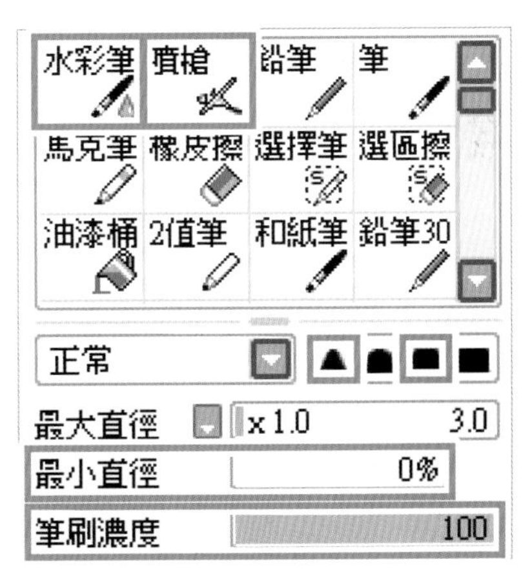

兩種筆刷便能走天下！

筆頭運用範例

大家看得出來這張圖的頭髮、肌膚與衣服皺褶分別使用了哪種筆頭嗎？詳細的筆刷運用解說在右方喔！

❶ 硬頭：頭髮的質感很適合用硬頭來呈現，用銳利的邊緣畫色塊，之後在色塊內做漸層。

❷ 硬頭＋軟頭：布料的質感可以用硬頭或者軟頭，兩者並用也是不錯的選擇。

❸ 軟頭：膚質適合柔和的筆頭，呈現柔軟感。

❹ 硬頭：最深，面積特別小的陰影只適合用硬頭呈現。

❺ 軟頭：用軟頭噴出大面積漸層。

顏色草稿

通常繪師上色前會先打底色，就是用色塊鋪一層顏色，簡單來說就是顏色的草稿。這個動作是為了方便觀察整體配色，也與觀看者第一眼對作品的整體印象息息相關。接下來就用繪圖的分解流程來說明。

POINT 整體感

為什麼打底色這麼重要呢？因為一張圖的整體感最為重要，看圖第一眼當然是看整體，而不是先看局部一個細節。打底色是為了方便觀察整體配色，看配色有沒有髒、色調明不明確，人物和背景的光影是不是一致的。

1 開啟草稿。

2 草稿圖層的下面，再開一個顏色草稿的圖層，開始粗略鋪色。

3 關掉顏色草稿圖層。在線稿資料夾中開新圖層，開始描線稿。

（上）線稿分層
（下）色塊分層

4 填底色，切記，線稿和色塊都要分層！

快速上底色的方式

1 選擇要上色的線稿圖層，這邊需要注意的就是線稿不能有空隙，不然會填出去。

2 選擇【魔術棒】點選你要上色的區域，藍紫色的部分就是上色區域。

3 很多白白的地方可以用【選擇筆】塗滿，若是塗錯可以用【選取擦】擦掉。

4 在線稿圖層的下面新增圖層，用【油漆桶】填滿選取的位置。

5 接下來照著你的顏色草稿，開始畫每一個部位。下一節就要進入到各個細節的上色法了！

5-5

各部位的上色技巧

➠ 人體每個部位的上色方式都有些許的不同。接下來我們將分成頭髮、肌膚、眼睛與衣服皺褶來解說各個部位的上色方式與訣竅。

柔順亮麗的頭髮

頭髮的質感是有光澤的，要呈現出頭髮的光澤和亮麗感其實只要抓到簡單的幾點訣竅就可以了。

POINT 上色時如果沒有特別設定光源，一律採用自然光（➡P.109）的上色模式。

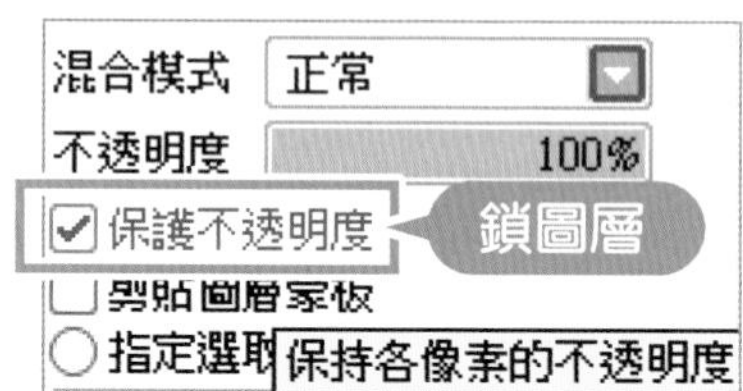

1 首先，使用【保護不透明度】鎖住圖層。鎖住後的圖層無論怎麼塗都不會塗出底色範圍了，這就是先填底色的優點。

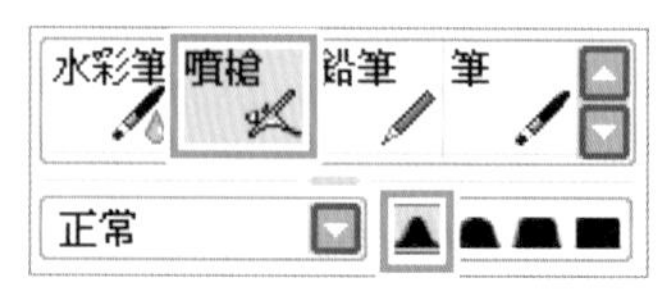

2 用大號的【噴槍】加上【軟筆頭】粗略的噴出頭部的立體感。頭部像一顆球體，在自然光的狀態下後腦杓和髮帶下面都會比較暗，瀏海的位置則比較亮，這邊使用皮膚色作為亮面顏色。

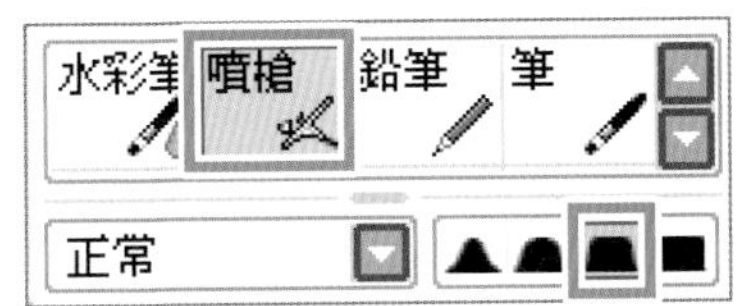

POINT 畫陰影時，可以使用【剪貼圖層蒙板】這個功能，它會以下面的顏色圖層為基準，怎麼塗都不會塗出去！

3 開新圖層，使用【硬筆頭】一筆一筆地畫出頭髮的流向。筆觸有大有小，保留光澤的部分。

繪製光澤

因為頭是球體，所以頭髮光澤保持弧形，光澤位置大略一致。繼續完成其他部位的陰影。

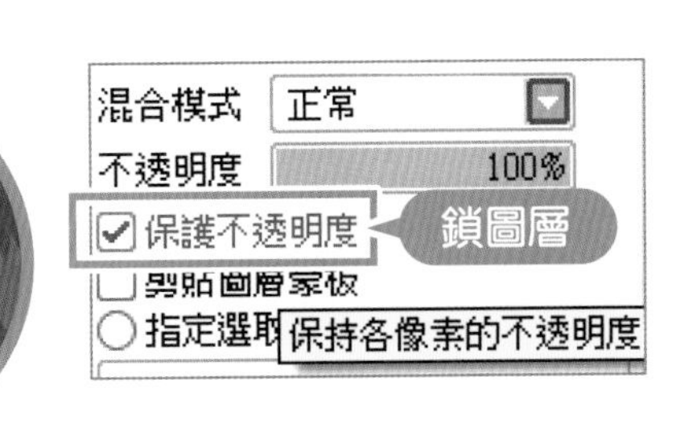

1 使用【保護不透明度】鎖住圖層，用【軟筆頭】加深明暗交界線，做出漸層感。

2 加上頭髮細節陰影，強調髮絲立體感。加上環境光源。

3　加上頭頂的高光，頭髮的水亮質感就出來了！頭髮完成。

4　接下來是髮帶的繪製。

POINT　髮帶的部分，一樣用大的【軟筆頭】粗略噴出髮帶的立體感。髮帶上的粉紅色是頭髮的反射。

頭髮及髮帶的部分就都完成囉！

具透明感的膚質

皮膚的重點就是透明感。人類皮膚是透有血色的，在上色時得要考慮像是指尖和關節處等皮膚比較薄部位的紅潤感。依據膚色來選擇陰影色也非常重要。

1　先選用紅色系的陰影，然後再用【軟筆頭】粗略的噴出立體感。在自然光的呈現下，瀏海下面、眼窩、耳朵處和脖子處，是最容易產生陰影的地方。鼻頭則用淺淺的漸層呈現即可。膚質上色都是以漸層為主，所以大多都是用【軟筆頭】。

2 使用更小的筆刷和更深的顏色，加強陰影的漸層，如嘴唇、耳蝸和脖子處。暗面處可加一點冷色系的顏色增添顏色豐富度。

由於角色設定有黑眼圈，所以眼窩處紫灰色的部分比較多。

3 使用【硬筆頭】，因為硬頭邊緣利，可用來強調比較強烈的陰影處，例如鼻頭下面、瀏海的投影、手部的明暗交界線和脖子處。

4 最後，在鼻頭和嘴唇的部分加上局部高光。通常是用比皮膚底色還要亮一點的顏色，不是純白色喔。

到這裡，皮膚上色就完成了。
只有簡單的幾個步驟，是不是比想像中的簡單呢！

膚質上色練習

在陽光底下伸出手，就會發現皮膚在光線的照射下，呈現出紅潤又透亮的色彩。
在練習的時候，可以參考真人照片或者是觀察自己的手腳來當範例，都是很好的練習方式。也可以嘗試不同的膚色，多嘗試不同的配色可以訓練對顏色的敏銳度。

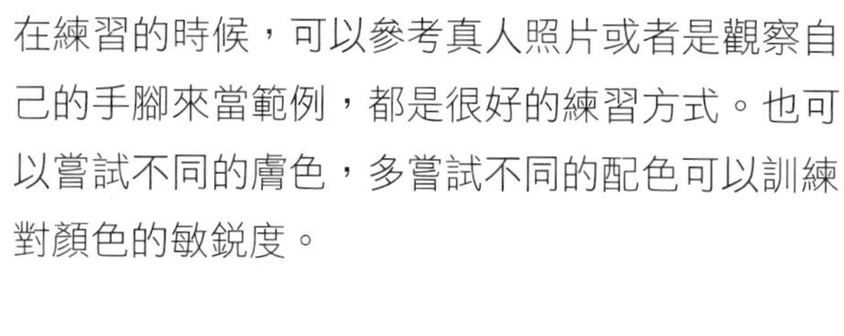

本書中不同膚色的範例圖

閃亮有神的眼睛

漂亮的眼睛最容易吸引目光，眼睛是人物的靈魂之窗，畫出有神的眼睛非常重要，以下解說無論男女角色都適用。

1 首先，眼睛的底色填完之後，將瞳孔的線條擦掉，增加眼睛透明感。

2 用深色畫出瞳孔，還有上眼瞼產生的陰影。

3 用更深的顏色加深瞳孔的部分。使用【噴槍】和【水彩筆】的塗抹功能做出有漸層的陰影。

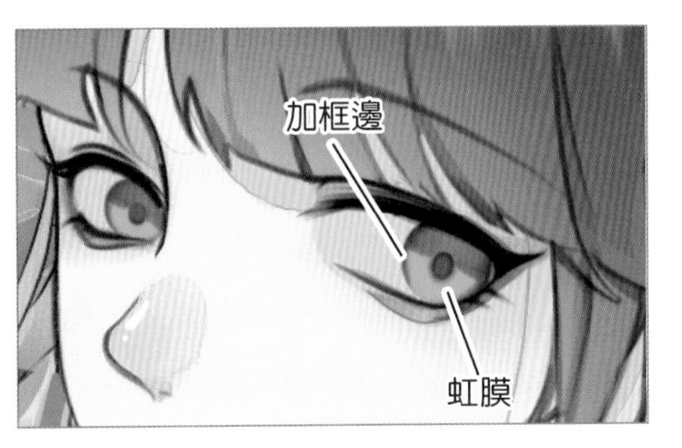

4 稍微柔化色塊，接著用深色畫出虹膜的邊框。

5 虹膜的上下方都加上不同顏色的反光，上反光是環境色，下反光通常是皮膚的反射。

6 虹膜完成之後，加上眼白，畫出上眼瞼產生的陰影。

7 通常眼眶外側會噴一點深橘紅色，讓眼睛看起來更有層次。除了眼眶的部分，人物的全身線條都可以改顏色喔。

POINT 眼眶上色

在眼睛線稿的圖層，使用【保護不透明度】鎖定圖層後，就能調整眼眶的顏色了。

8 最後在眼珠上面加點高光就完成啦！

9 眼珠裡的反光可以依照個人喜好去做變化。

POINT 反光上色

可以將畫眼睛的概念運用到任何有光澤和反光的材質，例如金屬、壓克力和玻璃等物品。觀察實際的物品去練習，只要善用【噴槍】的硬軟筆頭、【水彩筆】的塗抹功能就能簡單的畫出反光質感了。

各種眼睛樣式

以下是不同眼睛的呈現。眼睛的樣式百百種，可以添加各種不同形狀的反光，像是圓形、長條形、花朵，甚至想要添加一整個星空在眼睛裡也可以。

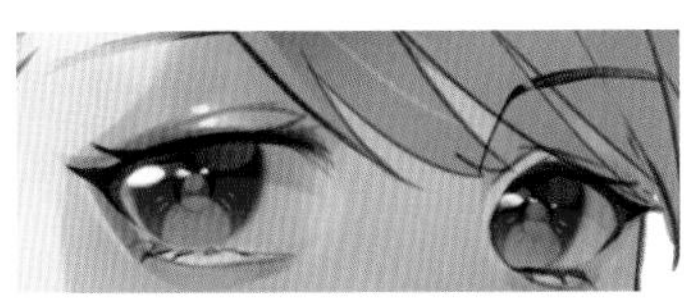
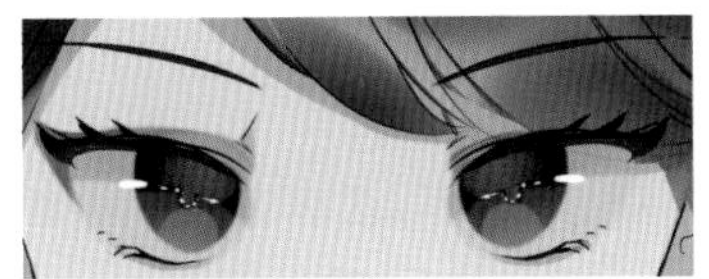
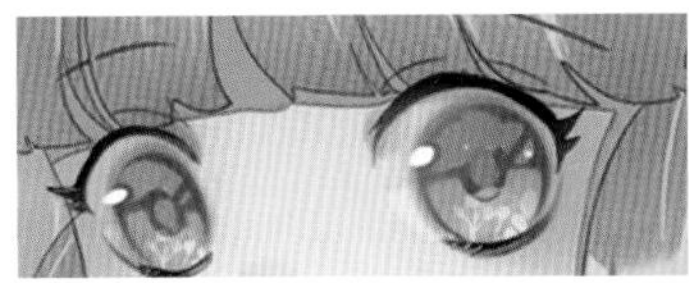
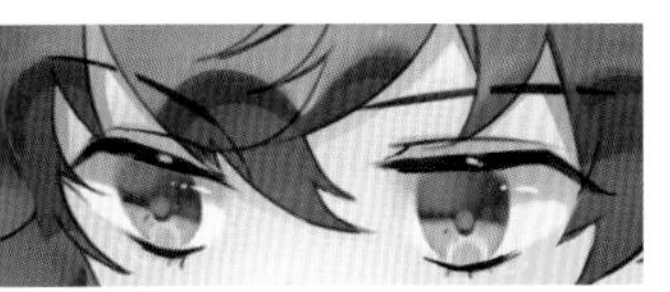

大家可以照著這個概念畫出不一樣的眼睛樣式。
讓筆下的每個角色都有自己的特色喔！

像是我的眼睛，倒映出了人生百態。
嗯？你跟我說看不出來？

繪製上衣皺褶

布料材質不像頭髮和眼珠一樣有光澤和高反光，所以顏色的變化相較起來比較簡單。

1 基本上如果已經有皺褶的概念後，要上陰影顏色就沒那麼困難了。先用【噴槍】大面積的噴出立體感。角色的右手臂較暗，左手臂較亮是為了要做出前後的空間感。

2 選擇較小的【噴槍】畫出皺褶陰影，使用【橡皮擦】擦出更好看的陰影形狀，【橡皮擦】和【噴槍】可以交替使用。

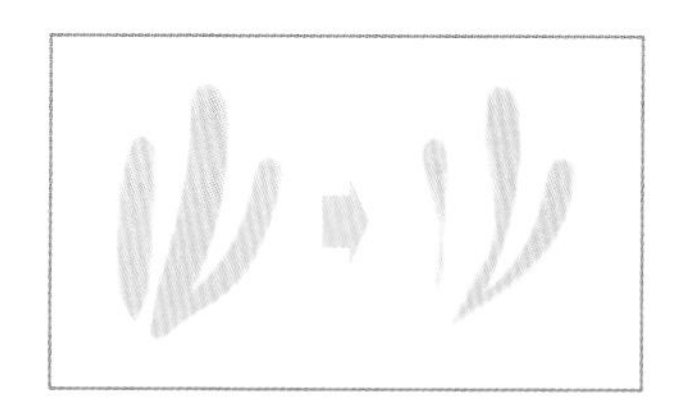

使用【橡皮擦】調整陰影形狀

3 使用【保護不透明度】鎖定陰影圖層，用【噴槍】做出明暗交界線。

POINT 明暗交界處

有強烈轉折的部位，明暗交界處較窄、較利；有弧形的部位，明暗交界處較寬、較柔和。

4 最後，再增添更深的小陰影，上衣的上色就完成了。

POINT 明暗交界處的光暈

在光的照射下，明暗交界線會產生模糊範圍，選用較鮮豔的暖色系來呈現類似的光暈。示範圖是使用跟膚色相近的橘粉紅。這類的光暈通常在強光下才會形成，若是自然光也可以不加，但加了可使顏色更豐富。

繪製裙子皺褶

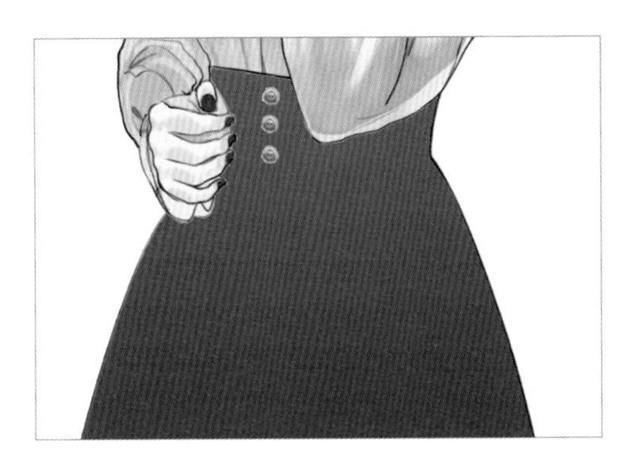

1 裙子的上半部受光較多，所以用暖色系的橘黃色噴出光感。

2 由於設定的裙子材質較硬，所以不像上衣一樣有非常多的褶痕，簡單的做出明暗即可。這邊用了比較搶眼的深藍色加強明暗交界處的地方，讓裙子顏色更吸睛。

3 最後再加上物件和飾品的上色，人物就完成囉！

完成人物之後還沒有結束喔！接下來會進入到後製的階段。

人物身上的物件和飾品，上色模式也都是一致的。

後製調整小技巧

角色完成之後一般會進入後製的階段。此階段是為了要讓角色更完美的和背景做搭配，通常會調整色調、明暗或者加入更多的環境光。

由於整張圖的用色風格是屬於鮮豔明亮的，所以可以將角色整體的色調調亮。

1 在SAI的工具列中，點擊【濾鏡】→【亮度/對比】便會跳出下圖視窗。這時候就可以調整自己喜歡的亮度和對比度，設定好之後按【確定】。

2 接著，再點選【濾鏡】→【色相/飽和度】，就可以調整自己喜歡的色調和鮮豔程度。

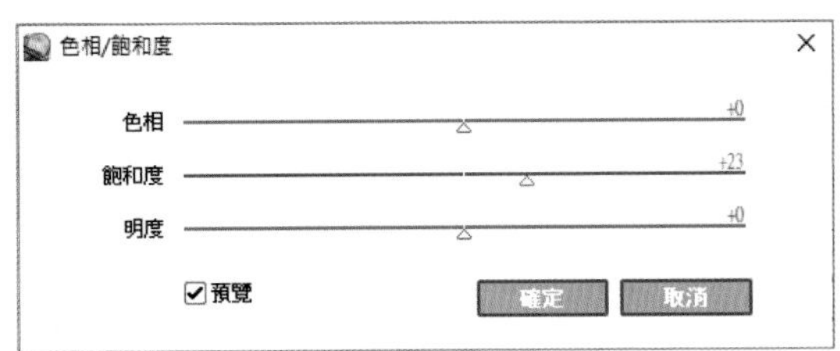

3 若是想要特定區域顏色加深，可以新增圖層在最上方，選擇【混合模式】的【覆寫】。如此一來圖層便有覆寫功能，可以用筆刷在特定區域加深，增強對比度。

示範圖選擇的是適合作為陰影的深藍色●。

4 完成，調整顏色後的人物是不是跟背景更搭了呢！

POINT 不僅人物，前景和背景的部分也可以用覆寫圖層增添光影的色塊喔。

CHAT BOX

說到血色，聽說惡魔的血是黑色的。
沒錯。

我還未人化的時期確實是那樣子。

是說妳怎麼會知道……
莫非……妳到底幾歲了？

年齡是女人的祕密喔♥
溜～

Chapter 6

作者經驗談

一起來成為接案繪師吧！

Q&A 學員常見問題**大解答**

➠很感謝你翻閱了這本書。當你看見這段文字的同時，代表我們的緣分就已經結下了！所以，我也毫不猶豫地將所有的知識和經驗分享出來，希望這些內容可以幫助到你。

Q 繪圖遇到瓶頸了怎麼辦？

A　繪圖遇到瓶頸，這是我被最多學員問的問題。不管是電繪還是手繪，只要是創作者都一定會遇到瓶頸。我不是屬於什麼天分型的繪師，總是在挫折和瓶頸中掙扎，然後靠時間和毅力將自己的技巧磨練起來。

其實我一路以來也是走滿多歪路，因為沒有學過畫畫，所以浪費了很多時間在錯誤的練習方式上。像是我以前骨架畫崩，也是崩了好幾年沒有自覺。直到有一天，我哥說我畫的骨架很有問題，當下錯愕的同時再次重新審視自己的作品。最後上網去爬文找資料、重新學習，我就是這樣自學而來的。

畫技好的人很多，有天分的人也很多。看到厲害的作品時，當下都會覺得自己技不如人，然後陷入低潮和迷惘。

相信很多人都會有跟我一樣的想法，會覺得自己「畫得很醜」、「沒天分」、「進步不了」，每個人都一定會有這種時期，這是正常的。

但我還是持續在努力，並沒有因為這樣就氣餒。創作是很主觀的，甚麼樣的創作甚麼樣的風格都會有人喜歡，像是有人喜歡白爛塗鴉畫風更勝於精緻日系畫風，對吧 ?!

反正我是這樣自我安慰的！有的繪師善於畫妹子，有些繪師善於畫帥哥，每個人擅長的地方也不一樣，每個人的創作都是特別的，能喜歡自己的創作才是最重要的！要擺爛可以，擺爛完了，還是要繼續畫圖！

Q 覺得自己沒辦法進步，沒有老師指導該如何自學？

A 繪畫總是卡關，覺得自己花了很多時間仍然沒有進步，很焦慮、很煩惱，這類的瓶頸是每個繪者都會遇到的事情。尤其是在沒有老師指導的情況下，更不知道怎麼樣才是最正確的練習方式。下面我整理出自學多年的繪畫經驗，讓大家學會如何有效自學，幫助大家提升繪畫實力。

第一種，多看。多看別人的作品，看人家如何用色，如何構圖。你可以把喜歡的作品存起來，當作之後的參考，但不是要你抄襲，而是參考喜歡的那個部分。例如，你喜歡這個作者的線條學起來，喜歡另一個作者的顏色學起來，這些都是養分，吸收不同的養分然後就能更進步了。

第二種，多嘗試。不要老待在自己的舒適圈，只畫自己擅長的，可以試著脫離自己習慣的畫法，換一種繪畫風格。例如，平常都畫日系Q版角色，就可以試著畫寫實人物；或者上色都是薄塗，就可以試試看厚塗。一方面可以得到不同的繪畫經驗，另一方面也可以讓你找到更適合自己的繪畫方式。多嘗試不同的東西，這也可以使你進步。

第三種，多練基本功。用速寫或者素描的方式，訓練觀察能力。畫畫最重要的還是基本功，有事沒事就可以拿起筆，隨意畫出你身邊的東西。例如，手機、滑鼠、水瓶等各種立體形狀，培養各種結構和立體空間感。再來可以畫電線、耳機線等各種纏繞的線，培養畫線條的手感，更能幫助你畫出好看的頭髮交錯、飄逸的布料等。

技法提升困難也有心靈層面的問題，要是當下沒有畫畫的心情就不要強迫自己創作，因為這樣創作出來的東西也不會太理想。如果真的手感不好或者畫到很焦躁的時候，建議就放下筆、好好休息，到外面走走吃個東西，轉換心情，這對你的創作是很有幫助的。

Q 一直找不到特定的畫風。

A 關於畫風，很常聽到學員說，想要有自己的畫風、自己畫風都不固定……等等。風格這種東西是建立在已經有基礎功底子和熟練度上的習慣產物，所以在風格之前首先要有基本底子。不用急於找風格，先練好基本功最重要。簡單來說當畫到一定的程度，你的風格就漸漸跑出來了。所以，不用這麼著急的想找畫風，這會自然形成的。

Q 要如何找靈感？

A 滿多學員也都會問這個問題。

以我的情況，第一種就是聽歌。歌也是別人的創作，是具有感情的，有些歌曲感染力很強，能讓你產生共鳴。像是要畫比較動態或熱血的圖時，我都會聽很熱血的動漫曲；如果是比較靜一點的情境，就會聽沒有歌詞的BGM；而聽古風音樂就會想要畫古裝角色。

所以，沒靈感的時候可以多聽聽歌，不然就是觀賞MV或PV，不只有音樂，還能帶來視覺上的衝擊。這些都能激發你的靈感。

第二種是玩遊戲、看動畫。其實這是我最常使用的方法。

因為有喜歡的角色，就會想要去畫他，這也是我當初開始自學電繪的動機。我覺得以自己喜歡的角色來練圖很不錯，因為會有「這是自己的本命，絕對不可以畫太醜」的想法，然後就會很努力地去練習。

我大學的時候就很迷一款線上遊

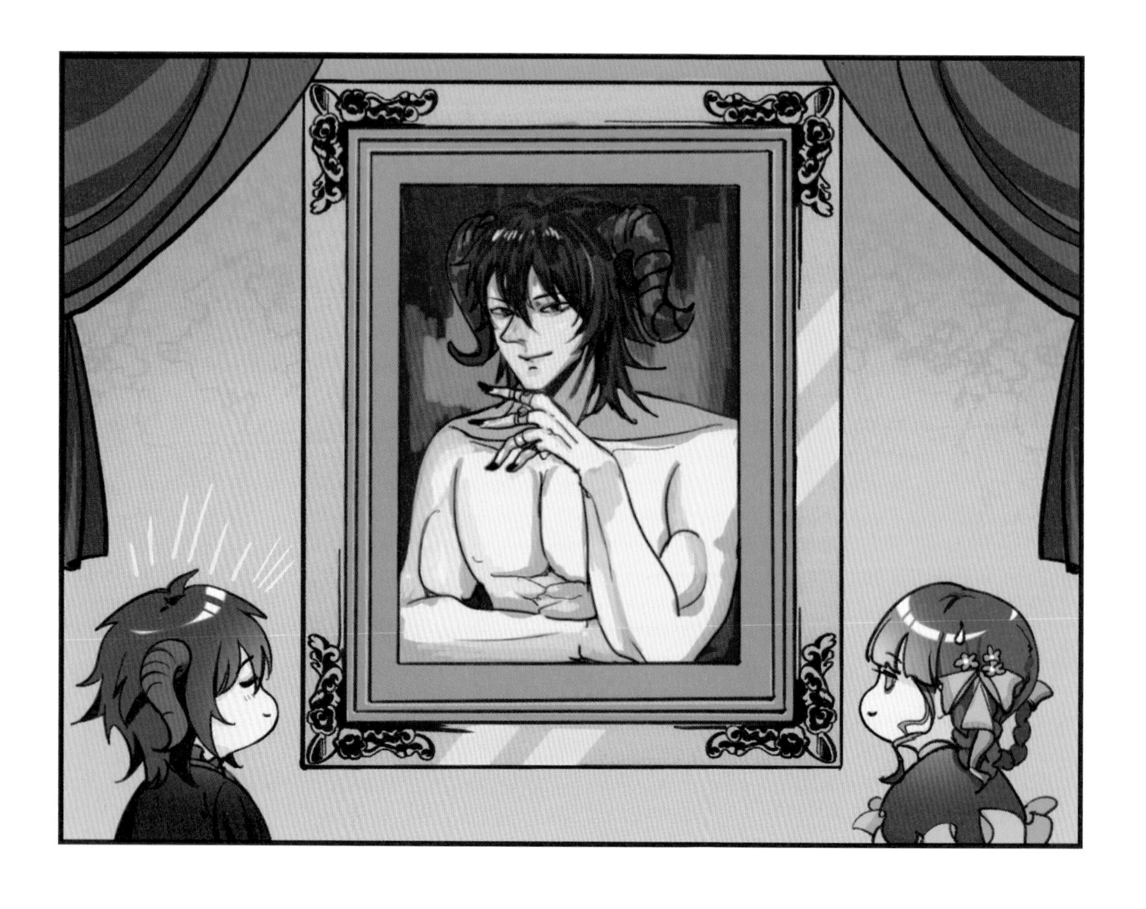

戲，很喜歡每個門派的服裝設定，最後就出了一系列不同門派的明信片，而且賣得還不錯。這就是遊戲帶給我的靈感。

Q 要如何開始？如何經營自己？

A　要開始經營自己就趁現在，作品愈多，機會愈多！我覺得不管怎樣都要有個繪圖帳號，像是FB、IG、twitter、噗浪等，而且一定要長期經營和更新你的繪圖帳號。

這為什麼這麼重要呢？我一開始會創繪圖帳號，只是因為想要有個地方可以公開自己的作品，記錄自己的創作生活。就這樣不停更新，當然不是天天更新，大概一個禮拜一、兩次，然後有人就看見了這些作品，而來向我邀稿。

其實東西上傳網路是滿容易被人看到的，很多公司在找繪師，徵稿也都是從社交平台上找。當然粉絲愈多會愈加分，而你的圖能愈多曝光也愈好。所以我覺得最重要的，要先經營自己的平台，多去跟人交流，加一些繪友或者吸收一些粉絲，對你的未來絕對是有益處的。

當有平台之後就可以打廣告，或者畫一些熱門的作品、畫名人、畫梗圖、二創熱門作品，這些都是能夠提升人氣的。

如果想要主動幫自己爭取機會的話，就投稿到出版社，網路上也有專門讓繪師接案的社團和網站。

插畫作品展示

草稿

線稿

顏色草稿

完稿

〈虎年賀圖〉　2022

●完稿

●草稿

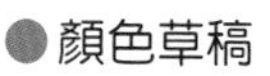

●顏色草稿

●線稿

〈洋裝朝露〉　2022

〈農曆七月鬼門開〉 2019

草稿

●線稿

●顏色草稿

●完稿

●完稿

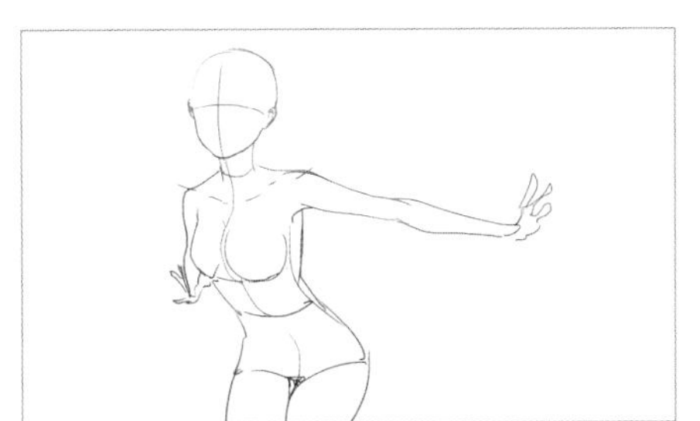

骨架

草稿

線稿

顏色草稿

〈中華電信小姐姐〉 2019

〈惡魔艾席爾〉 2020

自製原創AVG遊戲《狂瀾》

自製原創AVG遊戲《狂瀾》

自製原創AVG遊戲《狂瀾》

自製原創AVG遊戲《狂瀾外傳——初露》

西
之章

南
之章

自製原創AVG遊戲
《狂瀾外傳——初露》

自製原創AVG遊戲《花旦》

自製原創AVG遊戲《花旦》

堅持夢想？
一路自學的繪師經驗談

我喜歡畫畫，學生時期執筆創作全是出自於熱情。當時沒有想過未來會走上繪畫這條路，只是單純的享受畫畫帶給我的滿足感和成就感。

我高中讀的是普通高中，期間沒有待過畫室，也沒有受過繪畫指導。直到要升大學那年，才覺得自己想要就讀美術相關的科系。我媽聽了我的想法當下就否決說：「不要讀美術系，畫畫當興趣就好！」雖然覺得不被尊重，但我可以理解她的擔憂，可能一般會覺得學美術、學畫畫的人，以後就是單純的靠賣畫為生。

我也相信很多父母都是抱持著這樣的想法，覺得「畫畫不賺錢」、「不穩定」、「會餓死」什麼的，有些甚至會直接決定小孩未來的出路。沒錯，不可否定的，只靠自己在家接案子是不穩定的，但其實藝術結合其他產業是非常多元的，學會電繪這個技能可以做的工作也有很多。

一路以來我不曾停止創作，累積了許多作品集，也在學生時期接到人生第一個商業案子。不管有沒有家人的支持，我都是為了自己在畫畫，持續努力並且小有成績，而我也相信這些努力有被父母看在眼裡。最後我媽說不動我，就讓我讀美術科系了。現在很慶幸地跟大家說，還好我有堅持夢想。

在這邊我想告訴大家，堅持做自己熱愛的事情是很重要的。如果能愈早確立自己的目標更好，確立好目標之後，就朝著那個方向前進。每個人的人生只有一次，一天也只有24小時，你要怎麼去分配時間，就像在遊戲中分配技能點一樣。像我學生時期技能點都點在美術上，所以畢業後就轉職成插畫家。

能不能靠畫畫賺錢，其實我沒想那麼多，也沒有時間想這件事能不能獲利。如果到時候真的沒錢吃飯了，就去打份工，然後閒暇之餘持續做著我喜歡的事，我是不會放棄的。

如果電繪是你嚮往的、喜歡的事情，何不去做做看？搞不好哪間公司或廠商會看中你的作品，想要跟你合作呢！多學一樣技能絕對不是壞事。先不要想畫畫能不能賺到錢，創作是彈性自由的。創作不像運動員一樣，過了黃金年齡就只能退休，可以從小畫到老，無時無刻都能創作。就算以後不能當主業，也能當副業。

我希望大家可以做自己喜歡的事情，堅持自己的夢想。

芊筆芯

畢業於加拿大維多利亞大學Visual Art藝術學系，是插畫家同時也是電繪講師，曾參與小說封面、知名手遊宣傳圖，等各類商業委託專案，目前經營有萬粉的繪圖粉專，在遊戲公司「Fog Game」擔任人物美術設計。從學生時期到現在已經有多年的接案經驗，從自學電繪、經營粉絲專頁到接商業委託，都是自己從無到有慢慢經營起來的，希望我的教學和經歷可以幫助到對繪畫有熱情又想自學的大家！

FB
芊咲のペロペロ屋

IG
@s1028437n

噗浪
@sandy7367

自學首選！

零基礎絕美角色電繪技法

從電繪基礎、線稿到上色詳解，讓專業繪師幫你奠定繪圖基礎

2022年8月1日初版第一刷發行

著　　者　芊筆芯
副 主 編　劉皓如
美術編輯　黃郁琇
發 行 人　南部裕
發 行 所　台灣東販股份有限公司
＜地址＞台北市南京東路4段130號2F-1
＜電話＞(02)2577-8878
＜傳真＞(02)2577-8896
＜網址＞http://www.tohan.com.tw
郵撥帳號　1405049-4
法律顧問　蕭雄淋律師
總 經 銷　聯合發行股份有限公司
＜電話＞(02)2917-8022

國家圖書館出版品預行編目(CIP)資料

自學首選!零基礎絕美角色電繪技法：從電繪基礎、線稿到上色詳解,讓專業繪師幫你奠定繪圖基礎/芊筆芯著. -- 初版. -- 臺北市：臺灣東販股份有限公司, 2022.08
156面；18.2×25.7公分
ISBN 978-626-329-333-5(平裝)

1.CST: 電腦繪圖 2.CST: 繪畫技法

956.2　　111009528